G101平法识图与钢筋计算
（第4版）

主　编　肖明和　姜利妍　关永冰
副主编　于颖颖　张翠华　张成强
　　　　夏文杰　赵新明
参　编　徐鹏飞　王启玲　孟姗姗
　　　　齐高林

北京理工大学出版社
BEIJING INSTITUTE OF TECHNOLOGY PRESS

内 容 提 要

本书根据高等院校土建类专业人才培养目标、教学计划、G101平法识图与钢筋计算课程的教学特点和要求及专业教学改革的需要，依据《混凝土结构施工图平面整体表示方法制图规则和构造详图》（22G101）等新标准规范，结合"1+X"建筑工程识图职业技能等级证书考核标准进行编写。全书共分7个项目，主要内容包括平法识图与钢筋计算概述、柱平法识图与钢筋计算、梁平法识图与钢筋计算、剪力墙平法识图与钢筋计算、板平法识图与钢筋计算、楼梯平法识图与钢筋计算、基础平法识图与钢筋计算。

本书可作为高等院校土木工程类专业的教材，也可作为培训机构及土建类工程技术人员的参考用书。

版权专有　侵权必究

图书在版编目（CIP）数据

G101平法识图与钢筋计算 / 肖明和，姜利妍，关永冰主编. -- 4版. -- 北京：北京理工大学出版社，2023.10

ISBN 978-7-5763-3082-3

Ⅰ.①G… Ⅱ.①肖… ②姜… ③关… Ⅲ.①钢筋混凝土结构－建筑构图－识别－高等学校－教材 ②钢筋混凝土结构－结构计算－高等学校－教材 Ⅳ.①TU375

中国国家版本馆CIP数据核字（2023）第213952号

责任编辑：钟　博		文案编辑：钟　博	
责任校对：周瑞红		责任印制：王美丽	

出版发行	/ 北京理工大学出版社有限责任公司
社　　址	/ 北京市丰台区四合庄路6号
邮　　编	/ 100070
电　　话	/ （010）68914026（教材售后服务热线）
	（010）68944437（课件资源服务热线）
网　　址	/ http://www.bitpress.com.cn
版印次	/ 2023年10月第4版第1次印刷
印　　刷	/ 河北鑫彩博图印刷有限公司
开　　本	/ 787 mm×1092 mm　1/16
印　　张	/ 13
字　　数	/ 307千字
定　　价	/ 89.00元

图书出现印装质量问题，请拨打售后服务热线，负责调换

第4版前言

随着建筑业的转型升级,"产业转型、人才先行",国家陆续印发了《住房和城乡建设部等部门关于加快新型建筑工业化发展的若干意见》(建标规〔2020〕8号)、《住房和城乡建设部等部门关于推动智能建造与建筑工业化协同发展的指导意见》(建市〔2020〕60号)及《中华人民共和国国民经济和社会发展第十四个五年规划和2035年远景目标纲要》等文件,文件中提到要加快培养与建筑产业转型升级发展相适应的技术和管理人才,包括行业管理人才、企业领军人才、专业技术人员、经营管理人员和产业工人队伍。因此,为适应建筑行业高等教育新形势的需求,编写组深入企业一线,结合企业需求及建筑业发展趋势,重新调整了建筑工程技术和工程造价等专业的人才培养定位,使岗位标准与培养目标、生产过程与教学过程、工作内容与教学项目对接,实现"近距离顶岗、零距离上岗"的培养目标。

本书根据高等院校土建类专业人才培养目标、教学计划、G101平法识图与钢筋计算课程的教学特点和要求及专业教学改革的需要,对接"1+X"建筑工程识图职业技能等级证书考核标准,对接国家高水平专业群建设,以《混凝土结构施工图平面整体表示方法制图规则和构造详图》(22G101—1、2、3)等为主要依据,结合构件的三维图形仿真展示等进行教材内容的修订,同步建设了MOOC课程并已上线。本书理论联系实际,重点突出案例教学,将"做中学、做中教"的思想贯穿整个教材的编写过程,以提高学生的实践应用能力,具有实用性、系统性和先进性的特色。

本次修订,及时准确地落实党的二十大精神进教材、进课堂、进头脑,充分发挥教材的铸魂育人功能,充分发挥教材提升学生政治素养、职业道德、精细识图、工匠精神的引领作用,本书主要特色如下。

(1)坚持正确的政治导向,弘扬劳动工匠风尚。本书以施工员、造价员所需的混凝土结构施工图识读能力为主线,培养学生能够适应工程建设艰苦行业和一线技术岗位,融入劳动光荣、精细识图、精细设计和工匠精神培育。

(2)实现"岗课赛证"融通,推进"三教"改革。结合施工员、造价员岗位技能,"课岗对接",教材内容对接施工员、造价员岗位标准;"课赛融合",将建筑工程识图技能大赛内容融入教材,以赛促教、以赛促学;"课证融通",将"1+X"建筑工程识图职业技能等级证书内容融入教材,促进课证互嵌共生、互动共长。本书以国家规范分类构件任务为引领,以G101平法识图应用能力为主线,倡导学生在任务活动中熟练进行识图与钢筋计算。

（3）创新"互联网+"融媒体，建设立体化教学资源。本书以纸质教材为基础，建设了"教材+素材库+题库+教学课件+测评系统+名师授课录像+课程思政"的立体化教学资源。围绕"互联网+"，通过扫描二维码或链接https://icve-mooc.icve.com.cn/cms/courseDetails/index.htm?classId=b5a55a2584a71a6b0ae6a9be5997cb09，共享网络课程中的动画、微课、教学课件、习题等网络资源；围绕"课程思政"，挖掘课程思政元素，特别是工程建设所需的家国情怀、工匠精神、劳动风尚、精细识图，设置精细化的识图案例，凸显"精细意识""责任意识"，教师和学生可以利用课程资源平台实现自学、训练、解惑、测试等全过程，有效实现线上线下的混合式教学。

本书由济南工程职业技术学院肖明和、姜利妍、关永冰担任主编；由济南工程职业技术学院于颖颖、张翠华、张成强、夏文杰，天元建设集团有限公司赵新明担任副主编；山东天齐置业集团股份有限公司徐鹏飞，济南工程职业技术学院王启玲、孟姗姗、齐高林参与编写。

根据不同专业需求，本课程建议安排64学时。本书在编写过程中参考了国内外同类教材和相关资料，在此一并向原作者表示感谢，并对为本书付出辛勤劳动的编辑同志们表示衷心的感谢！

由于编者水平有限，书中难免有不足之处，敬请读者批评指正。E-mail:1159325168@qq.com。

编　者

第3版前言

随着建筑业的转型升级,"产业转型、人才先行",国家陆续印发了《住房和城乡建设部等部门关于加快新型建筑工业化发展的若干意见》(建标规〔2020〕8号)、《住房和城乡建设部等部门关于推动智能建造与建筑工业化协同发展的指导意见》(建市〔2020〕60号)等文件,文件中提到要加快培养与建筑产业转型升级发展相适应的技术和管理人才,包括行业管理人才、企业领军人才、专业技术人员、经营管理人员和产业工人队伍。因此,为适应建筑行业高等教育新形势的需求,编写组深入企业一线,结合企业需求及建筑业发展趋势,重新调整了建筑工程技术和工程造价等专业的人才培养定位,使岗位标准与培养目标、生产过程与教学过程、工作内容与教学项目对接,实现"近距离顶岗、零距离上岗"的培养目标。

本书根据高等院校土建类专业人才培养目标、教学计划、G101平法识图与钢筋计算课程的教学特点和要求以及专业教学改革的需要,对接"1+X"建筑工程识图职业技能等级考核标准,对接国家高水平专业群建设,以《混凝土结构施工图平面整体表示方法制图规则和构造详图》(16G101—1、2、3)等为主要依据,结合构件的三维图形仿真展示等进行教材内容的修订,同步建设了MOOC课程并已上线。本书理论联系实际,重点突出案例教学,将"做中学、做中教"的思想贯穿整个教材的编写过程,以提高学生的实践应用能力,具有实用性、系统性和先进性的特色。

本书由济南工程职业技术学院肖明和、姜利妍、关永冰担任主编,由济南工程职业技术学院于颖颖、张翠华、张成强、夏文杰,天元建设集团有限公司赵新明担任副主编,山东天齐置业集团股份有限公司徐鹏飞,济南工程职业技术学院王启玲,济南工程职业技术学院孟姗姗、齐高林参与编写。

根据不同专业需求,本课程建议安排64学时。本书在编写过程中参考了国内外同类教材和相关的资料,在此一并向原作者表示感谢,并对为本书付出辛勤劳动的编辑同志们表示衷心的感谢!

由于编者水平有限,教材中难免有不足之处,敬请读者批评指正。E-mail:1159325168@qq.com。

编 者

第2版前言

建筑工程从设计到施工以及预（决）算都是以工程图样为依据的。工程图样被誉为"工程界的语言"，是工程界表达、交流技术思想的语言，从事建筑的施工技术人员应当掌握这门语言。

本书自出版发行以来，经相关高等院校教学使用，得到了广大师生的认可和喜爱，编者倍感荣幸。为了更好地反映"G101平法识图与钢筋计算"施工实际，我们组织有关专家学者结合近年来高等教育教学改革动态，依据新国家标准图集及相关标准规范对本书进行了修订。修订时不仅根据读者、师生的信息反馈，对原书中存在的问题进行了修正，而且参阅了有关标准、规程、书籍，对教材体系进行了改善、修正与补充。本次修订主要进行了以下工作。

（1）根据《混凝土结构施工图平面整体表示方法制图规则和构造详图》（16G101）等国家标准图集及相关标准规范对教材内容进行了修改与充实，强化了教材的实用性和可操作性，使修订后的教材能更好地满足高等院校教学工作的需要。

（2）为了突出实用性，对一些具有较高价值的但在第1版中未给予详细介绍的内容进行了补充，对一些实用性不强的理论知识进行了删减。

（3）对各项目的教学目标、教学要求及项目小结进行了修订，在修订中对各项目知识体系进行了深入的思考，并联系实际进行知识点的总结与概括，使该部分内容更具有指导性与实用性，便于学生学习与思考。对各项目的习题也进行了适当补充，有利于学生课后复习，强化应用所学理论知识解决工程实际问题的能力。

（4）坚持以理论知识够用为度，以培养面向生产第一线的应用型人才为目的，强调提高学生的实践动手能力。

在本书修订过程中，参阅了国内同行的多部著作，部分高等院校的老师提出了很多宝贵的意见供我们参考，在此表示衷心的感谢！对于参与本书第1版编写但未参与本书修订的老师、专家和学者，本次修订的所有编写人员向你们表示敬意，感谢你们对高等教育教学改革做出的不懈努力，希望你们对本书持续关注并多提宝贵意见。

本书虽经反复讨论修改，但限于编者的学识及专业水平和实践经验，修订后的图书仍难免有疏漏和不妥之处，恳请广大读者指正。

编　者

第1版前言

目前，建筑结构施工图均采用"混凝土结构施工图平面整体设计方法"（简称平法），它极大地简化了设计，使得出施工图时只需要出平面图，而不需要再出构造详图。平法标注已得到结构设计师、建造师、造价师、监理师，以及施工一线的技术人员的普遍采用。平法不仅在建筑工程界产生了巨大的影响，而且对教育界、研究界的影响日趋凸显。随着混凝土结构施工图平面整体表示方法在建筑行业中的全面运用，对于土建类相关专业的学生来说，能够熟练地看懂平法标注的结构施工图，根据平法施工图进行工程施工、工程监理、工程造价等是他们将来从事的基本工作。目前高等院校中平法钢筋的相关课程内容基本上都穿插在若干门课程中，各门课程都讲一点，且都不精讲，系统性不强，学生无法整体掌握平法施工图中柱、墙、梁、板、基础及楼梯等构件的钢筋平法内容，这就使学生毕业后无法真正读懂一套完整的平法施工图纸，从而导致应届毕业生的能力难以满足建筑行业的市场要求。本书正是基于建筑职业市场需求而开发的一本实用型教材。

本书根据2011年9月颁布的《混凝土结构施工图平面整体表示方法制图规则和构造详图》（11G101—1、2、3）和2013年2月颁布的《混凝土结构施工图平面整体表示方法制图规则和构造详图（剪力墙边缘构件）》（12G101—4）编写而成。由于混凝土结构施工图平面整体设计方法内容丰富，理论性较强且比较抽象，要真正地学好平法知识较为困难，故本书详细阐述了柱、墙、梁、板、基础、楼梯六类构件的制图规则及构造要求，通过三维图形仿真显示构件内容的钢筋构造及布置要求来讲解平法识图和钢筋工程量计算规则。本书图文并茂、通俗易懂，理论联系实际，重点突出案例教学，以提高学生的实际应用能力，具有实用性、系统性和先进性的特点。

本书由济南工程职业技术学院肖明和、关永冰编著。编写过程中参考了国内外的同类著作和相关资料，在此表示深深的谢意。

由于编者水平有限，书中难免存在一些疏漏和不足之处，恳请各位读者在使用本书时多提宝贵意见。

编　者

目 录

项目1　平法识图与钢筋计算概述……………1

任务1.1　平法识图基础知识……………1

任务1.2　钢筋计算基础知识……………3

学习启示……………………………………11

项目2　柱平法识图与钢筋计算……………12

任务2.1　列表注写方式………………13

任务2.2　截面注写方式………………19

任务2.3　案例…………………………21

　　2.3.1　标准构造详图…………………21

　　2.3.2　案例详解………………………32

学习启示……………………………………34

项目小结……………………………………34

习题…………………………………………35

项目3　梁平法识图与钢筋计算……………36

任务3.1　平面注写方式………………37

　　3.1.1　集中标注………………………38

　　3.1.2　原位标注………………………46

　　3.1.3　梁支座上部纵筋的长度规定…50

　　3.1.4　不伸入支座的梁下部纵筋

　　　　　的长度规定………………………51

任务3.2　截面注写方式………………52

任务3.3　案例…………………………53

　　3.3.1　标准构造详图…………………53

　　3.3.2　案例详解………………………60

学习启示……………………………………63

项目小结……………………………………63

习题…………………………………………64

项目4　剪力墙平法识图与钢筋计算………65

任务4.1　列表注写方式………………66

　　4.1.1　剪力墙柱………………………68

　　4.1.2　剪力墙身………………………72

　　4.1.3　剪力墙梁………………………75

任务4.2　截面注写方式………………77

任务4.3　剪力墙洞口的表示方法……78

任务4.4　案例…………………………82

　　4.4.1　标准构造详图…………………82

　　4.4.2　案例详解………………………92

学习启示……………………………………94

项目小结……………………………………94

习题…………………………………………94

项目5　板平法识图与钢筋计算……………101

任务5.1　有梁楼盖平法识图…………102

　　5.1.1　板块集中标注…………………102

　　5.1.2　板支座原位标注………………105

任务5.2　无梁楼盖平法识图 …………… 107
　　5.2.1　板带集中标注 ……………… 107
　　5.2.2　板带支座原位标注 ………… 108
　　5.2.3　暗梁的表示方法 …………… 108
任务5.3　案例 ………………………… 109
　　5.3.1　标准构造详图 ……………… 109
　　5.3.2　案例详解 …………………… 124
学习启示 ………………………………… 126
项目小结 ………………………………… 126
习题 ……………………………………… 126

项目6　楼梯平法识图与钢筋计算 ……… 128
任务6.1　板式楼梯平法识图 …………… 131
任务6.2　案例 ………………………… 137
学习启示 ………………………………… 140
项目小结 ………………………………… 141
习题 ……………………………………… 141

项目7　基础平法识图与钢筋计算 ……… 142
任务7.1　独立基础平法识图 …………… 145
　　7.1.1　独立基础编号 ……………… 147
　　7.1.2　独立基础的平面注写方式 … 147

　　7.1.3　标准构造详图 ……………… 154
任务7.2　条形基础平法识图 …………… 156
　　7.2.1　条形基础编号 ……………… 156
　　7.2.2　条形基础梁的平面注写方式 … 156
　　7.2.3　条形基础底板的平面注写
　　　　　方式 …………………………… 160
　　7.2.4　标准构造详图 ……………… 161
任务7.3　筏形基础平法识图 …………… 165
　　7.3.1　梁板式筏形基础平法识图 … 165
　　7.3.2　平板式筏形基础平法识图 … 170
　　7.3.3　标准构造详图 ……………… 173
任务7.4　桩基础平法识图 ……………… 180
　　7.4.1　灌注桩平法施工图表示方法 … 180
　　7.4.2　桩基承台编号 ……………… 184
　　7.4.3　独立承台的平面注写方式 … 185
　　7.4.4　承台梁的平面注写方式 …… 186
　　7.4.5　标准构造详图 ……………… 186
任务7.5　案例 ………………………… 195
学习启示 ………………………………… 197
项目小结 ………………………………… 197
习题 ……………………………………… 197

参考文献 ………………………………… 198

项目 1　平法识图与钢筋计算概述

教学目标

通过本项目的学习，了解平法的概念；掌握混凝土结构环境类别的确定方法、混凝土保护层最小厚度的确定方法、钢筋锚固长度的确定方法、钢筋搭接长度的确定方法、钢筋的连接方式、抗震等级与设防烈度等内容。养成精细识读国家标准图集的良好作风；精研细磨钢筋长度计算规定，培养学生一丝不苟的工匠精神和劳动风尚，凸显"精细意识""责任意识"。

教学要求

能力目标	知识要点	相关知识	权重
掌握混凝土保护层厚度的确定方法	准确确定基础、柱、梁、墙、板等构件的最小保护层厚度	环境类别、构件类型、混凝土强度等级、结构使用年限	0.4
掌握钢筋锚固长度和搭接长度的计算方法	基本锚固长度确定；受拉钢筋锚固长度、抗震锚固长度的计算；纵向受拉钢筋绑扎搭接长度的计算	钢筋种类、抗震等级、锚固长度修正系数、纵向钢筋搭接接头面积百分率	0.6

任务 1.1　平法识图基础知识

1. 平法的概念

平法是混凝土结构施工图平面整体设计方法的简称，概括地讲，就是把结构构件的尺寸和配筋等，按照平面整体表示方法制图规则，整体直接表达在各类构件的结构平面布置图上，再与标准构造详图配合，即构成一套新型完整的结构设计。如图 1.1(a)所示，对于④轴线上的 KL4 来说，在结构施工图中，只需在平面图上按照集中标注和原位标注的方法表达该梁的相关配筋信息，至于该梁在立面图中纵筋、箍筋的布置，必须参照平法标准图集的标准构造详图才能准确计算出来，如图 1.1(b)、(c)所示。

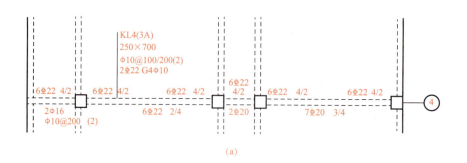

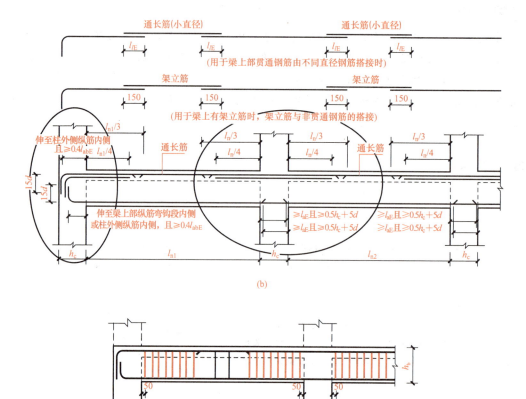

图 1.1 框架梁平法标注及标准构造详图

(a)框架梁平法标注示意图;(b)框架梁立面标准构造详图;(c)框架梁箍筋加密区标准构造详图

注:当抗震等级为一级时,加密区长度$\geq 2h_b$且≥ 500;当抗震等级为二~四级时,加密区长度$\geq 1.5h_b$且≥ 500(h_b为梁截面高度)。

平法系列图集包括三册,如图 1.2 所示,分别为《混凝土结构施工图平面整体表示方法制图规则和构造详图(现浇混凝土框架、剪力墙、梁、板)》(22G101—1)、《混凝土结构施工图平面整体表示方法制图规则和构造详图(现浇混凝土板式楼梯)》(22G101—2)、《混凝土结构施工图平面整体表示方法制图规则和构造详图(独立基础、条形基础、筏形基础、桩基础)》(22G101—3)。

图1.2 G101图集封面

2. 平法图集的适用范围

(1)22G101—1：包括基础顶面以上的现浇混凝土柱、剪力墙、梁、板(包括有梁楼盖和无梁楼盖)等构件的平法制图规则和标准构造详图两大部分内容。其适用于抗震设防烈度为6～9度地区的现浇混凝土框架、剪力墙、框架-剪力墙和部分框支剪力墙等主体结构施工图的设计，以及各类结构中的现浇混凝土板(包括有梁楼盖和无梁楼盖)、地下室结构部分现浇混凝土墙体、柱、梁、板结构施工图的设计。

(2)22G101—2：包括现浇混凝土板式楼梯制图规则和标准构造详图两大部分内容。其适用于抗震设防烈度为6～9度地区的现浇钢筋混凝土板式楼梯。

(3)22G101—3：包括常用的现浇混凝土独立基础、条形基础、筏形基础(分为梁板式和平板式)及桩基础的平法制图规则和标准构造详图两部分内容。其适用于各种结构类型的现浇混凝土独立基础、条形基础、筏形基础及桩基础施工图设计。

任务1.2 钢筋计算基础知识

1. 钢筋计算原理

钢筋的计算过程是从结构平面图的钢筋标注出发，根据结构的特点和钢筋所在的部位，计算钢筋的长度和根数，最后得到钢筋的质量，如图1.3所示。计算钢筋长度时，应分别计算预算长度和下料长度，因为这两个长度是不同的，预算长度是按照钢筋的外皮计算，而下料长度是按照钢筋的中轴线计算。例如，一根预算长度为1 m的钢筋，其下料长度是小于1 m的，因为钢筋在弯曲的过程中会变长，如果按照1 m下料，则会长出一些。本书钢筋长度的计算主要针对预算长度。

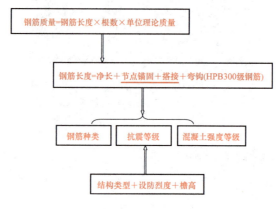

图 1.3 钢筋计算原理

2. 混凝土结构的抗震等级

由图 1.3 可知,影响混凝土结构抗震等级的因素主要有结构类型、设防烈度和檐高。抗震等级与它们之间的相互关系见表 1.1。

表 1.1 抗震等级与结构类型、设防烈度和檐高之间的关系

结构体系与类型		设防烈度						
		6		7		8		9
框架结构	高度/m	≤24	>24	≤24	>24	≤24	>24	≤24
	普通框架	四	三	三	二	二	一	一
	大跨度框架	三		二		一		一
框架-剪力墙结构	高度/m	≤60	>60	≤24	>24且≤60	>60	≤24	>24且≤60	>60	≤24	>24且≤50
	框架	四	三	四	三	二	二	一	二	一
	剪力墙	三		三	二		二	一		一
剪力墙结构	高度/m	≤80	>80	≤24	>24且≤80	>80	≤24	>24且≤80	>80	≤24	24~60
	剪力墙	四	三	四	三	二	三	二	一	二	一
部分框支剪力墙结构	高度/m	≤80	>80	≤24	>24且≤80	>80	≤24	>24且≤80		
	一般部位	四	三	四	三	二	三	二	不应采用	不应采用
	加强部位	三	二	三	二	一	二	一		
	框支层框架	二		二		一		一		
筒体结构	框架-核心筒结构	框架	三		二		一		一
		核心筒	二		二		一		一
	筒中筒结构	内筒	三		二		一		一
		外筒	三		二		一		一

续表

结构体系与类型		设防烈度					
		6		7		8	9
板柱-剪力墙结构	高度/m	≤35	>35	≤35	>35	≤35	>35
	板柱及周边框架	三	二	二	二	一	不应采用
	剪力墙	二	二	二	一	二	一
单层厂房结构	铰接排架	四		三		二	一

注：1. 建筑场地为Ⅰ类时，除 6 度设防烈度外，应允许按表内降低 1 度所对应的抗震等级采用抗震构造措施，但相应的计算要求不应降低。
2. 接近或等于高度分界时，应允许结合房屋不规则程度及场地、地基条件确定抗震等级。
3. 大跨度框架是指跨度不小于 18 m 的框架。
4. 表中框架结构不包括异形柱框架。
5. 房屋高度不大于 60 m 的框架-核心筒结构按框架-剪力墙结构的要求设计时，应按表中框架-剪力墙结构确定抗震等级。

3. 混凝土保护层的最小厚度

为了防止钢筋锈蚀，增强钢筋与混凝土之间的粘结力及钢筋的防火能力，在钢筋混凝土构件中，钢筋的外边缘至构件表面应留有一定厚度的混凝土，称为混凝土保护层，如图 1.4 所示。

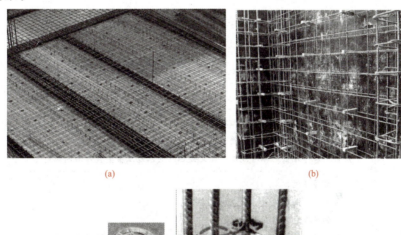

(a)　　　　　　　　　　(b)

(c)

图 1.4　钢筋外边缘混凝土保护层

(a)板的钢筋保护层；(b)墙的钢筋保护层；(c)柱的钢筋保护层

影响混凝土保护层厚度的四大因素是环境类别、构件类型、混凝土强度等级及结构设计使用年限。不同环境类别的混凝土保护层的最小厚度应符合表 1.2 的规定。

表 1.2　混凝土保护层的最小厚度(混凝土强度等级≥C30)　　　　　　　　mm

环境类别	板、墙、壳	梁、柱、杆
一	15	20
二 a	20	25
二 b	25	35
三 a	30	40
三 b	40	50

注：1. 表中混凝土保护层厚度是指最外层钢筋外边缘至混凝土表面的距离，适用于设计工作年限为 50 年的混凝土结构。
2. 构件中受力钢筋的保护层厚度不应小于钢筋的公称直径。
3. 一类环境中，设计工作年限为 100 年的结构最外层钢筋的保护层厚度不应小于表中数值的 1.4 倍；二、三类环境中，设计工作年限为 100 年的结构应采取专门的有效措施。四类和五类环境类别的混凝土结构，其耐久性要求应符合国家现行有关标准的规定。
4. 混凝土强度等级为 C25 时，表中保护层厚度数值应增加 5 mm。
5. 基础底面钢筋的保护层厚度，有混凝土垫层时应从垫层顶面算起，且不应小于 40 mm。

知识链接

混凝土结构的环境类别见表 1.3。

表 1.3　混凝土结构的环境类别

环境类别	条件
一	室内干燥环境； 无侵蚀性静水浸没环境
二 a	室内潮湿环境； 非严寒和非寒冷地区的露天环境； 非严寒和非寒冷地区与无侵蚀性的水或土壤直接接触的环境； 严寒和寒冷地区的冰冻线以下与无侵蚀性的水或土壤直接接触的环境
二 b	干湿交替环境； 水位频繁变动环境； 严寒和寒冷地区的露天环境； 严寒和寒冷地区冰冻线以上与无侵蚀性的水或土壤直接接触的环境
三 a	严寒和寒冷地区冬季水位变动区环境； 受除冰盐影响环境； 海风环境
三 b	盐渍土环境； 受除冰盐作用环境； 海岸环境
四	海水环境
五	受人为或自然的侵蚀性物质影响的环境

> **特别提示**
>
> 在实际工程施工图中,如果用到环境类别,则一般由设计单位在施工图中直接标明,无须由施工单位、监理单位等进行判定。

4. 钢筋的锚固长度

为了保证钢筋与混凝土共同受力,它们之间必须要有足够的粘结强度。为了保证粘结效果,钢筋在混凝土中要有足够的锚固长度。

(1)受拉钢筋基本锚固长度 l_{ab} 和抗震设计时受拉钢筋基本锚固长度 l_{abE} 应符合表1.4、表1.5的规定。

表1.4 受拉钢筋基本锚固长度 l_{ab}

钢筋种类	混凝土强度等级							
	C25	C30	C35	C40	C45	C50	C55	≥C60
HPB300	34d	30d	28d	25d	24d	23d	22d	21d
HRB400、HRBF400、RRB400	40d	35d	32d	29d	28d	27d	26d	25d
HRB500、HRBF500	48d	43d	39d	36d	34d	32d	31d	30d

表1.5 抗震设计时受拉钢筋基本锚固长度 l_{abE}

钢筋种类		混凝土强度等级							
		C25	C30	C35	C40	C45	C50	C55	≥C60
HPB300	一、二级	39d	35d	32d	29d	28d	26d	25d	24d
	三级	36d	32d	29d	26d	25d	24d	23d	22d
HRB400 HRBF400	一、二级	46d	40d	37d	33d	32d	31d	30d	29d
	三级	42d	37d	34d	30d	29d	28d	27d	26d
HRB500 HRBF500	一、二级	55d	49d	45d	41d	39d	37d	36d	35d
	三级	50d	45d	41d	38d	36d	34d	33d	32d

注:1. 四级抗震时,$l_{abE} = l_{ab}$。

2. 混凝土强度等级应取锚固区的混凝土强度等级。

3. 当锚固钢筋的保护层厚度不大于5d时,锚固钢筋长度范围内应设置横向构造钢筋,其直径不应小于d/4(d为锚固钢筋的最大直径);对梁、柱等构件间距不应大于5d,对板、墙等构件间距不应大于10d,且均不应大于100 mm(d为锚固钢筋的最小直径)。

> **知识链接**
>
> HPB300代表热轧光圆钢筋(Hot-rolled Plain-steel Bar),钢筋的屈服强度标准值为300 MPa;RRB400代表余热处理带肋钢筋(Remained-heat-treatment Ribbed-steel Bar),钢筋的屈服强度标准值为400 MPa。

(2)受拉钢筋锚固长度 l_a、受拉钢筋抗震锚固长度 l_{aE} 应符合表1.6、表1.7的规定。

表 1.6 受拉钢筋锚固长度 l_a

钢筋种类	混凝土强度等级															
	C25		C30		C35		C40		C45		C50		C55		≥C60	
	$d≤25$	$d>25$	$d≤25$	$d>25$	$d≤25$	$d>25$	$d≤25$	$d>25$	$d≤25$	$d>25$	$d≤25$	$d>25$	$d≤25$	$d>25$	$d≤25$	$d>25$
HPB300	34d	—	30d	—	28d	—	25d	—	24d	—	23d	—	22d	—	21d	—
HRB400 HRBF400 RRB400	40d	44d	35d	39d	32d	35d	29d	32d	28d	31d	27d	30d	26d	29d	25d	28d
HRB500 HRBF500	48d	53d	43d	47d	39d	43d	36d	40d	34d	37d	32d	35d	31d	34d	30d	33d

表 1.7 受拉钢筋抗震锚固长度 l_{aE}

钢筋种类及抗震等级		混凝土强度等级															
		C25		C30		C35		C40		C45		C50		C55		≥C60	
		$d≤25$	$d>25$	$d≤25$	$d>25$	$d≤25$	$d>25$	$d≤25$	$d>25$	$d≤25$	$d>25$	$d≤25$	$d>25$	$d≤25$	$d>25$	$d≤25$	$d>25$
HPB300	一、二级	39d	—	35d	—	32d	—	29d	—	28d	—	26d	—	25d	—	24d	—
	三级	36d	—	32d	—	29d	—	26d	—	25d	—	24d	—	23d	—	22d	—
HRB400 HRBF400	一、二级	46d	51d	40d	45d	37d	40d	33d	37d	32d	36d	31d	35d	30d	33d	29d	32d
	三级	42d	46d	37d	41d	34d	37d	30d	34d	29d	33d	28d	32d	27d	30d	26d	29d
HRB500 HRBF500	一、二级	55d	61d	49d	54d	45d	49d	41d	46d	39d	43d	37d	40d	36d	39d	35d	38d
	三级	50d	56d	45d	49d	41d	45d	38d	42d	36d	39d	34d	37d	33d	36d	32d	35d

注：1. 当为环氧树脂涂层带肋钢筋时，表中数据尚应乘以 1.25。
2. 当纵向受拉钢筋在施工过程中易受扰动时，表中数据尚应乘以 1.1。
3. 当锚固长度范围内纵向受力钢筋周边保护层厚度为 3d（d 为锚固钢筋的直径）时，表中数据可乘以 0.8；保护层厚度不小于 5d 时，表中数据可乘以 0.7；中间时按内插值。
4. 当纵向受拉普通钢筋锚固长度修正系数（注 1～注 3）多于一项时，可按连乘计算。
5. 受拉钢筋的锚固长度 l_a、l_{aE} 计算值不应小于 200 mm。
6. 四级抗震时，$l_{aE}=l_a$。
7. 当锚固钢筋的保护层厚度不大于 5d 时，锚固钢筋长度范围内应设置横向构造钢筋，其直径不应小于 d/4（d 为锚固钢筋的最大直径）；对梁、柱等构件间距不应大于 5d，对板、墙等构件间距不应大于 10d，且均不应大于 100 mm（d 为锚固钢筋的最小直径）。
8. HPB300 钢筋末端应做 180°弯钩。
9. 混凝土强度等级应取锚固区的混凝土强度等级。

5. 钢筋的搭接长度

钢筋的搭接长度是钢筋计算中的一个重要参数，其搭接长度应符合表 1.8、表 1.9 的规定。

表 1.8 纵向受拉钢筋搭接长度 l_l

钢筋种类及同一区段内搭接钢筋面积百分率		混凝土强度等级															
		C25		C30		C35		C40		C45		C50		C55		C60	
		$d≤25$	$d>25$	$d≤25$	$d>25$	$d≤25$	$d>25$	$d≤25$	$d>25$	$d≤25$	$d>25$	$d≤25$	$d>25$	$d≤25$	$d>25$	$d≤25$	$d>25$
HPB300	≤25%	41d	—	36d	—	34d	—	30d	—	29d	—	28d	—	26d	—	25d	—
	50%	48d	—	42d	—	39d	—	35d	—	34d	—	32d	—	31d	—	29d	—
	100%	54d	—	48d	—	45d	—	40d	—	38d	—	37d	—	35d	—	34d	—

续表

钢筋种类及同一区段内搭接钢筋面积百分率		\multicolumn{16}{c}{混凝土强度等级}
		C25		C30		C35		C40		C45		C50		C55		C60	
		$d \leq 25$	$d > 25$	$d \leq 25$	$d > 25$	$d \leq 25$	$d > 25$	$d \leq 25$	$d > 25$	$d \leq 25$	$d > 25$	$d \leq 25$	$d > 25$	$d \leq 25$	$d > 25$	$d \leq 25$	$d > 25$
HRB400 HRBF400 RRB400	≤25%	48d	53d	42d	47d	38d	42d	35d	38d	34d	37d	32d	36d	31d	35d	30d	34d
	50%	56d	62d	49d	55d	45d	49d	41d	45d	39d	43d	38d	42d	36d	41d	35d	39d
	100%	64d	70d	56d	62d	51d	56d	46d	51d	45d	50d	43d	48d	42d	46d	40d	45d
HRB500 HRBF500	≤25%	58d	64d	52d	56d	47d	52d	43d	48d	41d	44d	38d	42d	37d	41d	36d	40d
	50%	67d	74d	60d	66d	55d	60d	50d	56d	48d	52d	45d	49d	43d	48d	42d	46d
	100%	77d	85d	69d	75d	62d	69d	58d	64d	54d	59d	51d	56d	50d	54d	48d	53d

表 1.9 纵向受拉钢筋抗震搭接长度 l_{lE}

抗震等级	钢筋种类及同一区段内搭接钢筋面积百分率		\multicolumn{16}{c}{混凝土强度等级}
			C25		C30		C35		C40		C45		C50		C55		C60	
			$d \leq 25$	$d > 25$	$d \leq 25$	$d > 25$	$d \leq 25$	$d > 25$	$d \leq 25$	$d > 25$	$d \leq 25$	$d > 25$	$d \leq 25$	$d > 25$	$d \leq 25$	$d > 25$	$d \leq 25$	$d > 25$
一、二级抗震等级	HPB300	≤25%	47d	—	42d	—	38d	—	35d	—	34d	—	31d	—	30d	—	29d	—
		50%	55d	—	49d	—	45d	—	41d	—	39d	—	36d	—	35d	—	34d	—
	HRB400 HRBF400	≤25%	55d	61d	48d	54d	44d	48d	40d	44d	38d	43d	37d	42d	36d	40d	35d	38d
		50%	64d	71d	56d	63d	52d	56d	46d	52d	45d	50d	43d	49d	42d	46d	41d	45d
	HRB500 HRBF500	≤25%	66d	73d	59d	65d	54d	59d	49d	55d	47d	52d	44d	48d	43d	47d	42d	46d
		50%	77d	85d	69d	76d	63d	69d	57d	64d	55d	60d	52d	56d	50d	55d	49d	53d
三级抗震等级	HPB300	≤25%	43d	—	38d	—	35d	—	31d	—	30d	—	29d	—	28d	—	26d	—
		50%	50d	—	45d	—	41d	—	36d	—	35d	—	34d	—	32d	—	31d	—
	HRB400 HRBF400	≤25%	50d	55d	44d	49d	41d	44d	36d	41d	35d	40d	34d	38d	32d	36d	31d	35d
		50%	59d	64d	52d	57d	48d	52d	42d	48d	41d	46d	39d	45d	38d	42d	36d	41d
	HRB500 HRBF500	≤25%	60d	67d	54d	59d	49d	54d	46d	50d	43d	47d	41d	44d	40d	43d	38d	42d
		50%	70d	78d	63d	69d	57d	63d	53d	59d	50d	55d	48d	52d	46d	50d	45d	49d

注：1. 表中数值为纵向受拉钢筋绑扎搭接接头的搭接长度。
2. 两根不同直径钢筋搭接时，表中 d 取钢筋较小直径。
3. 当为环氧树脂涂层带肋钢筋时，表中数据尚应乘以 1.25。
4. 当纵向受拉钢筋在施工过程中易受扰动时，表中数据尚应乘以 1.1。
5. 当搭接长度范围内纵向受力钢筋周边保护层厚度为 $3d$（d 为搭接钢筋的直径）时，表中数据尚可乘以 0.8；保护层厚度不小于 $5d$ 时，表中数据可乘以 0.7；中间时按内插值。
6. 当上述修正系数（注 3~注 5）多于一项时，可按连乘计算。
7. 当位于同一连接区段内的钢筋搭接接头面积百分率为 100% 时，$l_{lE} = 1.6 l_{aE}$。
8. 当位于同一连接区段内的钢筋搭接接头面积百分率为表中数据中间值时，搭接长度可按内插取值。
9. 任何情况下，搭接长度不应小于 300 mm。
10. 四级抗震等级时，$l_{lE} = l_l$。
11. HPB300 级钢筋末端应做 180°弯钩。

6. 钢筋的连接

在施工过程中,当构件的钢筋不够长时(钢筋出厂长度一般是 9 m),需要对钢筋进行连接。钢筋的主要连接方式有三种,即绑扎搭接、机械连接和焊接连接,如图 1.5 所示。

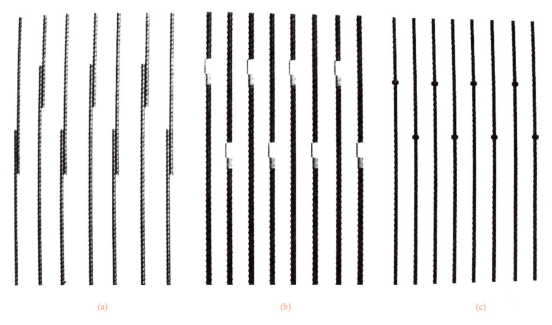

图 1.5 钢筋的连接方式

(a)绑扎搭接;(b)机械连接;(c)焊接连接

> **特别提示**
>
> 为了保证钢筋受力可靠,对钢筋连接接头范围和接头加工质量做以下规定:
> (1)当受拉钢筋直径>25 mm 及受压钢筋直径>28 mm 时,不宜采用绑扎搭接。
> (2)轴心受拉及小偏心受拉构件中,纵向受力钢筋不应采用绑扎搭接。
> (3)纵向受力钢筋连接位置宜避开梁端、柱端箍筋加密区。如必须在此连接时,应采用机械连接或焊接连接。

7. 钢筋的单位理论质量

在钢筋工程量的计算中,当计算出钢筋的长度后,再乘以每米钢筋质量即可以得出钢筋总质量。钢筋单位理论质量(也称线密度,单位 kg/m)见表 1.10。

表 1.10 钢筋单位理论质量表

钢筋直径 d/mm	4	6	6.5	8	10	12	14	16
理论质量/(kg·m^{-1})	0.099	0.222	0.260	0.395	0.617	0.888	1.208	1.578
钢筋直径 d/mm	18	20	22	25	28	30	32	
理论质量/(kg·m^{-1})	1.998	2.466	2.984	3.850	4.830	5.550	6.310	

学习启示

党的二十大报告指出，必须坚持守正创新。平法正是对结构设计的守正创新。平法顺应了结构设计的发展和革新的客观需要，实现了设计构造与施工建造的有机结合。平法通过数字化、符号化的科学表达方式，形成一套简单易操作的制图规则和标准构造，降低了能耗，节约了自然资源，提高了设计效率，解放了生产力。从1995年正式诞生，到2003年第一版正式出版，再到2011年、2016年、2022年的三次修订，平法的发展过程是在否定之否定中前进。正如二十大报告提出的"我们要以科学的态度对待科学、以真理的精神追求真理"，"紧跟时代步伐，顺应实践发展，以满腔热忱对待一切新生事物，不断拓展认识的广度和深度，敢于说前人没有说过的新话，敢于干前人没有干过的事情，以新的理论指导新的实践"。

项目 2　柱平法识图与钢筋计算

教学目标

通过本项目的学习，进一步熟悉22G101图集的相关内容；掌握柱结构施工图中列表注写方式与截面注写方式所表达的内容；掌握柱标准构造详图中基础插筋、首层纵筋、中间层纵筋、顶层纵筋、箍筋加密区和非加密区构造规定；能够准确计算各种类型钢筋的长度。养成精细识读柱平法施工图、精细计算柱钢筋工程量的良好作风，精研细磨框架柱构造；框架柱是建筑的"脊梁"，学生是企业的栋梁，要培养学生增强岗位认同感、责任感、幸福感，培养精益求精、创新、奋斗的工匠精神。

教学要求

能力目标	知识要点	相关知识	权重
能够熟练地应用柱的平法制图规则和钢筋构造详图知识识读柱的平法施工图	集中标注、原位标注、锚固长度、搭接长度、箍筋加密区	钢筋种类、混凝土强度等级、抗震等级、受拉钢筋基本锚固长度、环境类别、施工图的阅读等	0.7
能够熟练地计算各种类型钢筋的长度	构件净高度、锚固长度、搭接长度、钢筋保护层、钢筋弯钩增加值	与钢筋计算相关的消耗量定额规定、施工图的阅读、钢筋的线密度等	0.3

引　例

某框架柱截面注写方法示例如图2.1所示，混凝土强度等级为C30，环境类别为一类，混凝土结构设计工作年限为50年，抗震等级为三级。在阅读该柱的平法施工图时，集中标注和原位标注包含哪些内容？柱的立面配筋如何布置？计算钢筋长度时，应考虑哪些因素？箍筋加密区长度如何确定？这些都是本项目要重点研究的问题。

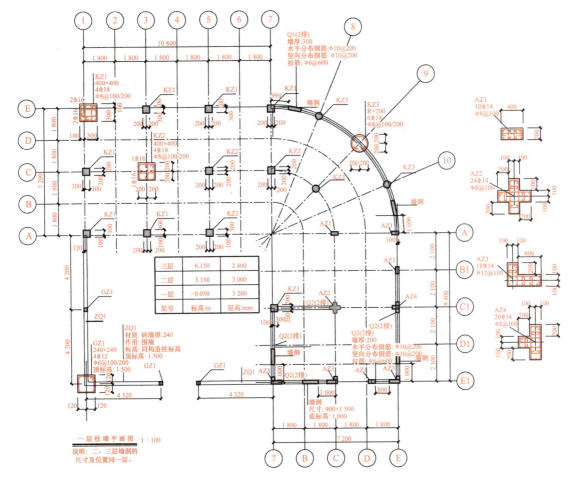

图 2.1 框架柱截面注写方法示例

任务 2.1 列表注写方式

柱平法施工图是指在柱平面布置图上采用列表注写方式或截面注写方式表达。柱平面布置图可采用适当比例单独绘制,在图中应注明各结构层的楼面标高、结构层高及相应的结构层号,还应注明上部结构嵌固部位的位置。

上部结构嵌固部位的注写应注意以下几点:

(1)框架柱嵌固部位在基础顶面时,无须注明。

(2)框架柱嵌固部位不在基础顶面时,在层高表嵌固部位标高下使用双细线注明,并在层高表下注明上部结构嵌固部位标高。

(3)框架柱嵌固部位不在地下室顶板,但仍需考虑地下室顶板对上部结构实际存在嵌固作用时,可在层高表地下室顶板标高下使用双虚线注明,此时首层柱端箍筋加密区长度范围及纵筋连接位置均按嵌固部位的要求设置。

1. 列表注写

列表注写方式是指在柱平面布置图上（一般只需采用适当比例绘制一张柱平面布置图，包括框架柱、转换柱、芯柱等），分别在同一编号的柱中选择一个（有时需要选择几个）截面标注几何参数代号；在柱表中注写柱编号、柱段起止标高、几何尺寸（含柱截面对轴线的偏心情况）与配筋的具体数值，并配以各种柱截面形状及其箍筋类型图的方式来表达柱平法施工图，如图2.2所示；箍筋类型见表2.1。

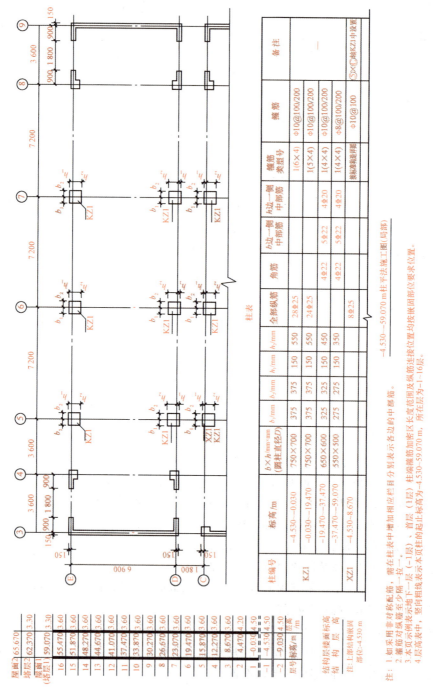

图2.2 柱平法施工图列表注写方法

表 2.1 箍筋类型

箍筋类型编号	箍筋肢数	复合方式
1	$m \times n$	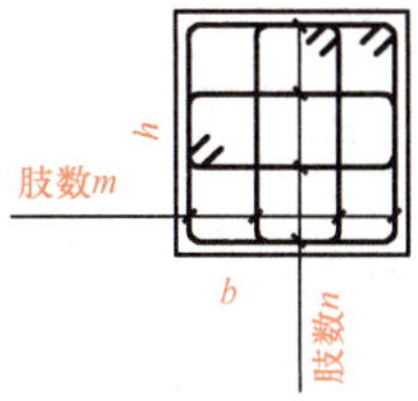
2	—	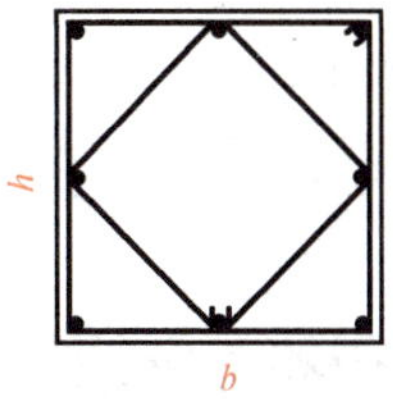
3	—	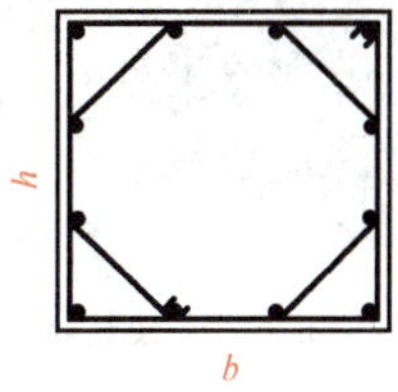
4	$Y + m \times n$	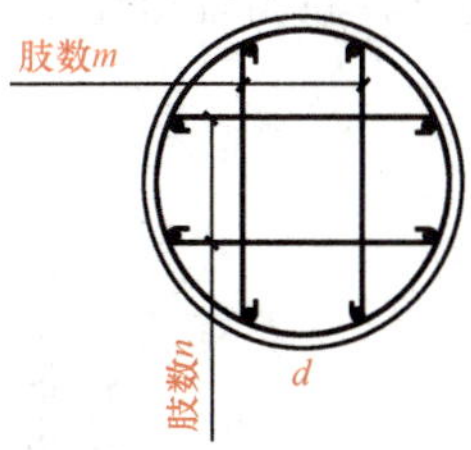

注：1. 确定箍筋肢数时应满足对柱纵筋"隔一拉一"及箍筋肢距的要求。
    2. 具体工程设计时，若采用超出本表所列举的箍筋类型或标准构造详图中的箍筋复合方式，应在施工图中另行绘制，并标注与施工图中对应的 b 和 h。

2. 柱表注写

(1)注写柱编号。柱编号由类型代号和序号组成,应符合表2.2的规定。

表2.2 柱编号

柱类型	代号	序号
框架柱	KZ	××
转换柱	ZHZ	××
芯柱	XZ	××

例如,在图2.1中,柱的类型有KZ1、KZ2、KZ3等。框架柱的立体图如图2.3所示。

由于建筑功能的要求,需下部大空间,因此,上部部分竖向构件不能直接连续贯通落地,而是通过水平转换结构与下部竖向构件连接。当布置的转换梁支撑上部的剪力墙时,转换梁称为框支梁,支撑框支梁的柱子叫作转换柱,如图2.4所示。

图2.3 框架柱的立体图

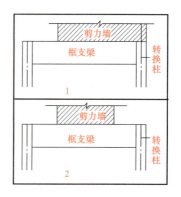

图2.4 转换柱示意图

芯柱就是在框架柱截面中1/3左右的核心部位配置附加纵向钢筋及箍筋而形成的内部加强区域。在周期反复水平荷载作用下,这种柱具有良好的延性和耗能能力,能够有效地改善钢筋混凝土柱在高轴压比情况下的抗震性能。芯柱的配筋构造如图2.5所示。

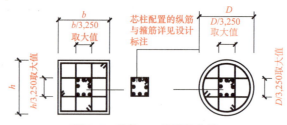

图2.5 芯柱XZ的配筋构造

注:纵筋的连接及根部锚固同框架柱,往上直通至芯柱柱顶标高。

梁上起框架柱和剪力墙上起框架柱如图2.6所示。

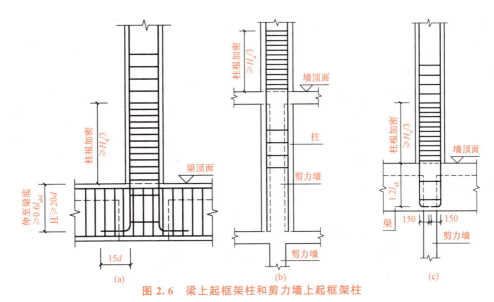

图 2.6 梁上起框架柱和剪力墙上起框架柱

(a)梁上起框架柱；(b)剪力墙上起框架柱(柱与墙重叠层)；(c)剪力墙上起框架柱(柱纵筋锚固在墙顶部对柱根构造)

注：墙上起框架柱，在墙顶面标高以下锚固范围内的柱箍筋按上柱非加密区箍筋要求配置；梁上起框架柱时，在梁内设置间距不大于 500 mm，且至少两道柱箍筋。

在编号时，当柱的总高、分段截面尺寸和配筋均对应相同，仅截面与轴线的关系不同时，仍可将其编为同一柱号，但应在图中注明截面与轴线的关系。

(2)注写各段柱的起止标高。自柱根部往上以变截面或截面未变，但配筋改变处为界分段注写。框架柱和转换柱的根部标高是指基础顶面标高；芯柱的根部标高是指根据结构实际需要而定的起始位置标高；梁上起框架柱的根部标高是指梁顶面标高；剪力墙上起框架柱的根部标高为墙顶面标高。如图 2.2 所示，柱表中 KZ1 标高 −4.530～−0.030、−0.030～19.470、19.470～37.470 和 37.470～59.070 截面尺寸或配筋发生改变。

(3)对于矩形柱，注写柱截面尺寸 $b×h$ 及与轴线关系的几何参数代号 b_1、b_2 和 h_1、h_2 的具体数值，必须对应于各段柱分别注写，其中 $b=b_1+b_2$，$h=h_1+h_2$。

如图 2.2 所示，柱表中 KZ1 标高 −0.030～19.470 处柱截面尺寸为 750 mm×700 mm，其中 $b_1=375$ mm，$b_2=375$ mm，$h_1=150$ mm，$h_2=550$ mm。

当截面的某一边收缩变化至与轴线重合或偏到轴线的另一侧时，b_1、b_2、h_1、h_2 中的某项为零或为负值。

对于圆柱，图 2.2 柱表中 $b×h$ 一栏改用在圆柱直径数字前加 d 表示。为表达简单，圆柱截面与轴线的关系也用 b_1、b_2 和 h_1、h_2 表示，并且 $d=b_1+b_2=h_1+h_2$。

对于芯柱，根据结构需要，可以在某些框架柱的一定高度范围内，在其内部的中心位置设置(分别引注其柱编号)。芯柱截面尺寸按构造确定，并按 22G101 图集标准构造详图施工，设计不需注写。芯柱定位随框架柱，不需要注写其与轴线的几何关系。

如图 2.2 所示，在⑤轴与ⓒ轴相交处的 KZ1 编号上部标有 XZ1，其设置标高从柱表中可以读取出为 −4.530～8.670，其断面配筋构造如图 2.5 所示。

(4)注写柱纵筋。当柱纵筋直径相同，各边根数也相同时，将纵筋注写在"全部纵筋"一栏中；除此之外，柱纵筋分角筋、截面 b 边中部筋和 h 边中部筋三项分别注写(对于采用对称配筋的矩形截面柱，可仅注写一侧中部筋，对称边省略不注）。

如图2.2所示，KZ1标高-0.030~19.470处纵筋直径相同，各边根数也相同，写在"全部纵筋"一栏中，即24⊈25；标高19.470~37.470处角筋为4⊈22，b边一侧中部筋为5⊈22，h边一侧中部筋为4⊈20。

（5）注写箍筋类型号及箍筋肢数。对具体工程所设计的各种箍筋类型图以及箍筋复合的具体方式，需画在表的上部或图中的适当位置，并在其上标注与表中相对应的b、h和类型代号。复合箍筋的布置原则是：大箍套小箍原则、隔一拉一原则、对称性原则、内箍（小箍）短肢尺寸最小原则，内箍尽量做成标准格式，如图2.7所示。

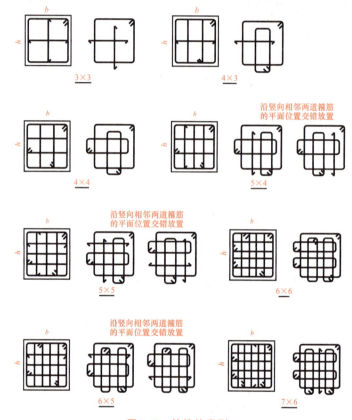

图2.7 箍筋的类型

（6）注写柱箍筋。柱箍筋注写内容包括钢筋种类、直径与间距。用斜线"/"区分柱端箍筋加密区与柱身非加密区长度范围内箍筋的不同间距。例如，ϕ10@100/200，表示箍筋为HPB300级钢筋，直径为10 mm，加密区间距为100 mm，非加密区间距为200 mm。

当箍筋沿柱全高为一种间距时，则不使用斜线"/"。例如，ϕ10@100，表示沿柱全高范围内箍筋均为HPB300级钢筋，钢筋直径为10 mm，间距为100 mm，沿柱全高加密。

当框架节点核心区内箍筋与柱端箍筋设置不同时，应在括号中注明核心区箍筋直径及间距。例如，ϕ10@100/200(ϕ12@100)，表示柱中箍筋为HPB300级钢筋，直径为10 mm，加密区间距为100 mm，非加密区间距为200 mm。框架节点核心区箍筋为HPB300级钢筋，直径为12 mm，间距为100 mm。当圆柱采用螺旋箍筋时，需在箍筋前加"L"。例如，Lϕ10

@100/200，表示采用螺旋箍筋，HPB300级钢筋，钢筋直径为10 mm，加密区间距为100 mm，非加密区间距为200 mm。

知识链接

箍筋加密区是对抗震结构而言的。一般来说，对于钢筋混凝土框架梁的端部和每层柱子的两端都要进行加密。柱子加密区长度一般取每层柱子高度的1/6，但最底层(一层)柱子的根部应取1/3的高度。箍筋加密区如图2.8所示。其中有三大节点，即柱根节点加密区、楼层节点加密区和柱顶节点加密区。

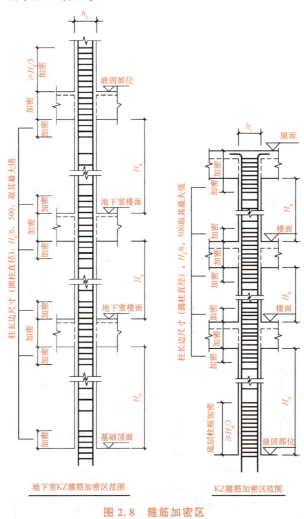

图 2.8 箍筋加密区
(a)无地下室；(b)有地下室

任务2.2 截面注写方式

截面注写方式是在柱平面布置图的柱截面上，分别在同一编号的柱中选择一个截面，以直接注写截面尺寸和配筋具体数值的方式来表达柱平法施工图，如图2.9所示。

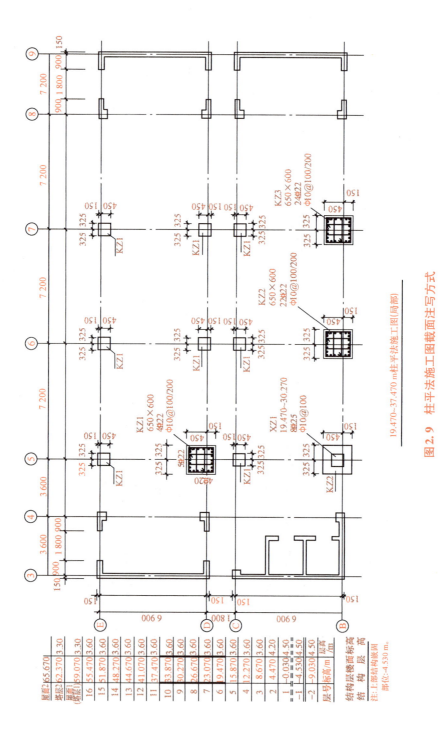

图 2.9 柱平法施工图截面注写方式

按表 2.2 的规定进行编号，从相同编号的柱中选择一个截面，按另一种比例原位放大绘制柱截面配筋图，并在各配筋图上继其编号后再注写截面尺寸 $b×h$、角筋或全部纵筋（当纵筋采用一种直径且能够图示清楚时）、箍筋的具体数值，以及在柱截面配筋图上标注柱截面与轴线关系的 b_1、b_2 和 h_1、h_2 的具体数值。当纵筋采用两种直径时，需再注写截面各边中部筋的具体数值（对于采用对称配筋的矩形截面柱，可仅在一侧注写中部筋，对称边省略不注）。

图 2.10 所示为图 2.9 中⑤轴与ⓓ轴相交处的 KZ1 的配筋图。图中 KZ1 代表框架柱 1；650×600 表示柱的长边尺寸为 650 mm，短边尺寸为 600 mm；4⊕22 表示柱子的四角为 4 根直径为 22 mm 的 HRB400 级钢筋；Φ10@100/200 表示柱子内箍筋为直径 10 mm 的 HPB300 级钢筋，箍筋的加密区间距为 100 mm，非加密区间距为 200 mm；

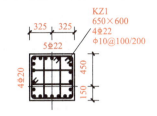

图 2.10 框架柱截面注写方式

柱子的长边中部筋为 5 根直径 22 mm 的 HRB400 级钢筋，对称布置；柱子的短边中部筋为 4 根直径 20 mm 的 HRB400 级钢筋，对称布置；⑤轴线与柱子左右两边的距离为 325 mm，ⓓ轴线与柱子前后两边的距离分别为 150 mm 和 450 mm。

在截面注写方式中，如柱的分段截面尺寸和配筋的均相同，仅截面与轴线的关系不同时，可将其编为同一柱号，但此时应在未画配筋的柱截面上注写该柱截面与轴线关系的具体尺寸。

任务 2.3 案 例

2.3.1 标准构造详图

柱计算的钢筋包括纵筋和箍筋。纵筋包括基础插筋、首层纵筋、中间层纵筋和顶层纵筋；箍筋包括基础内箍筋（固定插筋用）和柱内箍筋，而柱内箍筋又包括加密区箍筋和非加密区箍筋。

在计算加密区箍筋时，涉及的柱的嵌固部位是指地下室的顶面或无地下室情况的基础顶面。嵌固部位加密区长度不小于该层柱净高的 1/3；嵌固部位的纵筋非连接区大于或等于该层柱净高的 1/3，如图 2.11 所示。

> **知识链接**
>
> 嵌固部位：无地下室时的嵌固部位指的是基础顶面；有地下室时的嵌固部位指的是首层楼面位置。
>
> 底层柱：无地下室时的底层柱指的是基础顶面至首层顶板；有地下室时的底层柱指的是基础顶面至相邻基础层的顶面。
>
> 底层柱净高：无地下室时的底层柱净高指的是从基础顶面至首层顶板梁下皮的高度；有地下室时的底层柱净高指的是基础顶面至相邻基础层的顶板梁下皮的高度。

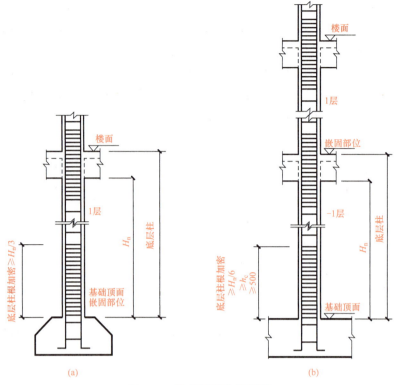

图 2.11 柱嵌固部位的判断

(a)无地下室时柱的嵌固部位；(b)有地下室时柱的嵌固部位

1. 框架柱在基础中插筋长度和箍筋根数的计算

基础插筋示意图如图 2.12 所示。

(1)框架柱在基础中插筋长度的计算。

1)当插筋保护层厚度>5d，基础高度满足直锚时，如图 2.13 所示。

图 2.12 基础插筋示意图

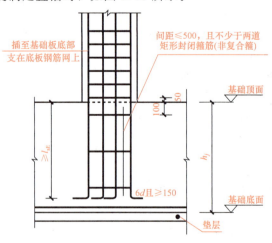

图 2.13 柱插筋在基础中的锚固构造（一）

注：图中 h_j 为基础底面至基础顶面的高度，对于带基础梁的基础，为基础梁顶面至基础梁底面的高度；当柱两侧基础梁标高不同时，取较低标高。

有地下室：

基础插筋长度＝h_j－插筋保护层厚度＋max(6d,150)＋非连接区 max($H_n/6$, h_c, 500)＋l_{lE}

无地下室：

基础插筋长度＝h_j－插筋保护层厚度＋max(6d,150)＋非连接区 $H_n/3$＋l_{lE}

2）当插筋保护层厚度＞5d，基础高度不满足直锚时，如图2.14所示。

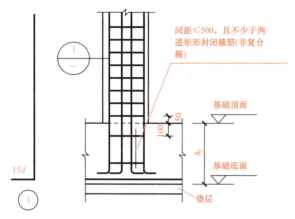

图 2.14 柱插筋在基础中的锚固构造（二）

有地下室：

基础插筋长度＝h_j－插筋保护层厚度＋15d＋非连接区 max($H_n/6$, h_c, 500)＋l_{lE}

无地下室：

基础插筋长度＝h_j－插筋保护层厚度＋15d＋非连接区 $H_n/3$＋l_{lE}

3）当插筋保护层厚度≤5d，基础高度满足直锚时，如图2.15所示。

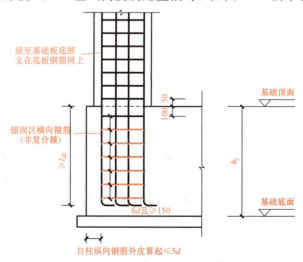

图 2.15 柱插筋在基础中的锚固构造（三）

有地下室：

基础插筋长度＝h_j－插筋保护层厚度＋max(6d,150)＋非连接区 max($H_n/6$, h_c, 500)＋l_{lE}

无地下室：

基础插筋长度＝h_j－插筋保护层厚度＋max(6d，150)＋非连接区 $H_n/3+l_{lE}$

> **特别提示**
>
> 锚固区横向箍筋应满足直径≥d/4(d 为插筋最大直径)，间距≤5d(d 为插筋最小直径)且满足间距≤100 mm。

4)当插筋保护层厚度≤5d，基础高度不满足直锚时，如图 2.16 所示。

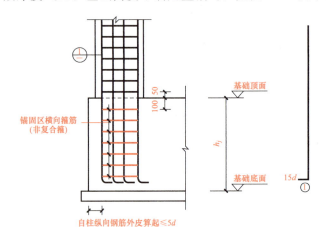

图 2.16　柱插筋在基础中的锚固构造(四)

有地下室：

基础插筋长度＝h_j－插筋保护层厚度＋15d＋非连接区 max($H_n/6$，h_c，500)＋l_{lE}

无地下室：

基础插筋长度＝h_j－插筋保护层厚度＋15d＋非连接区 $H_n/3+l_{lE}$

> **特别提示**
>
> 锚固区横向箍筋应满足直径≥d/4(d 为插筋最大直径)，间距≤5d(d 为插筋最小直径)且满足间距≤100 mm。

(2)柱基础箍筋根数的计算。框架柱在基础中的箍筋根数＝(基础高度－基础保护层厚度－100)/间距＋1；柱基础插筋在基础中箍筋的根数不应少于两道封闭箍筋(非复合箍)。

箍筋单根长度计算，如图 2.17 所示。

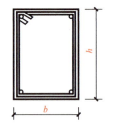

图 2.17　柱断面配筋示意图

施工下料长度：

箍筋单根长度＝2×(b+h)－8×保护层厚度－4×箍筋直径＋2×钩长

预算长度：

箍筋单根长度＝2×(b+h)－8×保护层厚度＋2×钩长

当箍筋直径＜8 mm 时，单钩长度＝1.9d＋75；

当箍筋直径≥8 mm 时，单钩长度＝1.9d＋10d＝11.9d；
当梁不考虑抗震要求时，单钩长度＝1.9d＋5d＝6.9d。

2. 首层柱子纵筋长度的计算及箍筋根数的计算

(1)首层柱子纵筋长度的计算，如图 2.18 所示。

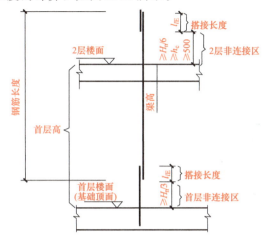

图 2.18　首层柱子纵筋长度的计算

$$纵筋长度＝首层层高－首层非连接区长度 H_n/3＋\max(H_n/6,h_c,500)＋搭接长度 l_{lE}$$

特别提示

如果纵筋采用电渣压力焊接或套筒挤压连接，则无须考虑搭接长度，如图 2.19 所示。

图 2.19　纵筋非搭接连接
(a)电渣压力焊接；(b)套筒挤压连接；(c)套筒直螺纹(锥螺纹)连接

(2)首层柱子箍筋根数的计算，如图 2.20 所示。

$$上部加密区箍筋根数＝[\max(H_n/6,h_c,500)＋梁高]/加密区间距＋1$$
$$下部加密区箍筋根数＝(H_n/3－50)/加密区间距＋1$$
$$纵筋搭接区箍筋根数＝l_{lE}/加密区间距$$
$$中间非加密区箍筋根数＝(层高－上部加密区长度－下部加密区长度－搭接长度)/非加密区间距－1$$

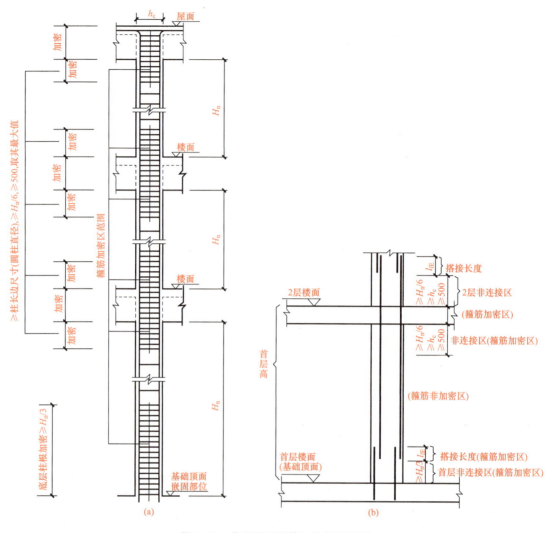

图 2.20 首层柱子箍筋加密区示意图

3. 中间层柱子纵筋长度及箍筋根数的计算

（1）中间层柱子纵筋长度的计算，如图 2.21、图 2.22 所示。

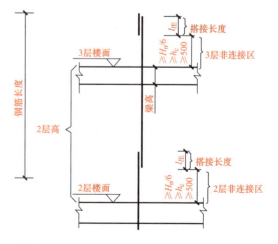

图 2.21 中间层柱子纵筋长度的计算

图 2.22 中间层柱子纵筋搭接位置示意图

纵筋长度＝中间层层高－当前层非连接区长度＋(当前层＋1)层的非连接区长度＋
(当前层＋1)层的搭接长度 l_{lE}

式中，非连接区长度＝$\max(H_n/6, h_c, 500)$。

(2)中间层柱子箍筋根数的计算，如图 2.23 所示。

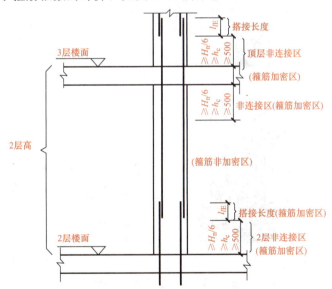

图 2.23 中间层柱子箍筋加密区示意图

上部加密区箍筋根数＝[$\max(H_n/6, h_c, 500)$＋梁高]/加密区间距＋1

下部加密区箍筋根数＝[$\max(H_n/6, h_c, 500)$－50]/加密区间距＋1

纵筋搭接区箍筋根数＝l_{lE}/加密区间距

中间非加密区箍筋根数＝(层高－上部加密区长度－下部加密区长度－
搭接长度)/非加密区间距－1

4. 顶层柱纵筋长度及箍筋根数的计算

(1)中柱钢筋计算。

1)中柱纵筋长度计算。

①如图 2.24(a)~(c)所示,当梁高-柱保护层厚度<l_{aE}时:

$$纵筋长度=顶层层高-顶层非连接区长度-柱保护层厚度+12d$$

> **特别提示**
>
> 当柱顶有不小于100 mm厚的现浇板时,柱顶钢筋向外侧弯锚,如图2.24(d)、(e)所示。

②如图 2.24(f)、(g)所示,当梁高-柱保护层厚度≥l_{aE}时:

$$纵筋长度=顶层层高-顶层非连接区长度-梁高+$$
$$锚固长度(等于梁高-柱保护层厚度)$$

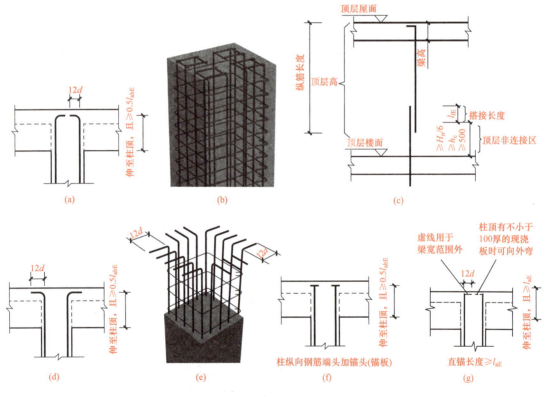

图 2.24 中柱纵筋长度计算

2)中柱箍筋根数计算,如图 2.25 所示。

$$上部加密区箍筋根数=[\max(H_n/6, h_c, 500)+梁高-柱保护层厚度]/加密区间距+1$$

$$下部加密区箍筋根数=[\max(H_n/6, h_c, 500)-50]/加密区间距+1$$

$$纵筋搭接区箍筋根数=l_{lE}/加密区间距$$

$$中间非加密区箍筋根数=(层高-上部加密区长度-下部加密区长度-$$
$$搭接长度)/非加密区间距-1$$

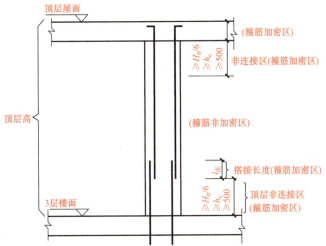

图 2.25 顶层柱箍筋加密区示意图

框架边柱柱顶构造——
柱顶外侧直线搭接构造

(2)边角柱钢筋计算。

1)纵筋长度计算。

①如图 2.26 所示,从梁底算起 $1.5l_{abE}$ 超过柱内侧边缘时:

外侧钢筋长度＝顶层层高－顶层非连接区长度－梁高＋$1.5l_{abE}$

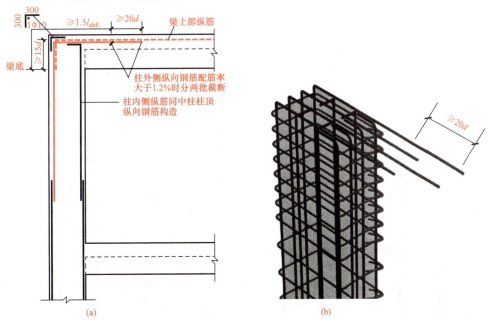

图 2.26 从梁底算起 $1.5l_{abE}$ 超过柱内侧边缘

> **特别提示**
>
> 当柱外侧钢筋配筋率>1.2%时,钢筋分两批截断,长的部分增加20d。
>
> 柱外侧纵筋配筋率等于柱外侧纵筋(包括两根角筋)的截面面积除以柱的总截面面积,即$\rho = \dfrac{A_s}{bh}$(ρ为柱外侧纵筋配筋率,A_s为柱外侧纵筋截面面积,b、h为柱截面尺寸)。

内侧纵筋长度=顶层层高-顶层非连接区长度-柱保护层厚度+12d

> **特别提示**
>
> 当柱纵筋的锚固长度为梁高-柱保护层厚度$\geqslant l_{aE}$时,可不弯折12d。

②如图2.27所示,从梁底算起$1.5l_{abE}$未超过柱内侧边缘时:

外侧钢筋长度=顶层层高-顶层非连接区长度-梁高+max($1.5l_{abE}$,梁高-柱保护层厚度+15d)

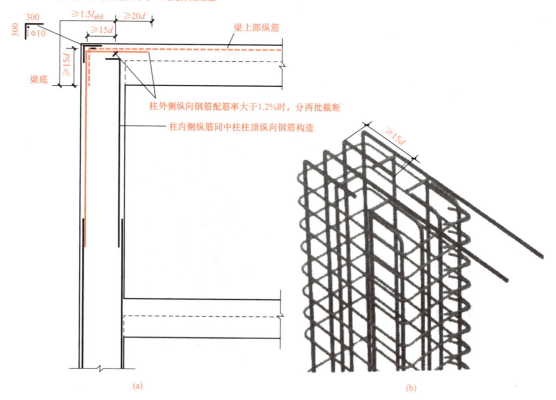

图2.27 从梁底算起$1.5l_{abE}$未超过柱内侧边缘

> **特别提示**
>
> 当柱外侧钢筋配筋率>1.2%时,钢筋分两批截断,长的部分增加20d。

内侧纵筋长度＝顶层层高－顶层非连接区长度－柱保护层厚度＋12d

> **特别提示**
>
> 当柱纵筋的锚固长度为梁高－柱保护层厚度$\geqslant l_{aE}$时,可不弯折12d。

③如图2.28所示,当图2.26或图2.27节点未伸入梁内的柱外侧钢筋进行锚固时:

外侧第一层钢筋长度＝顶层层高－顶层非连接区长度－柱顶保护层厚度＋柱宽－柱保护层厚度×2＋8d

外侧第二层钢筋长度＝顶层层高－顶层非连接区长度－柱顶保护层厚度＋柱宽－柱保护层厚度×2

内侧纵筋长度＝顶层层高－顶层非连接区长度－柱保护层厚度＋12d

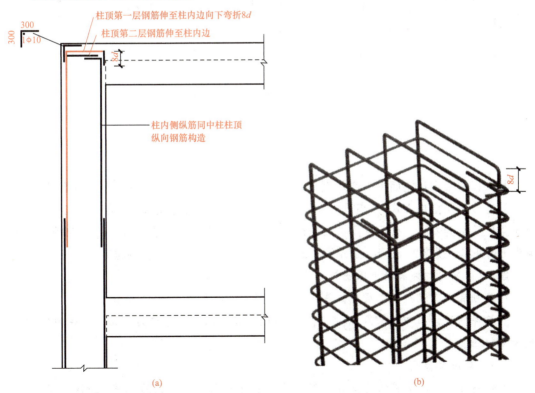

图2.28 用于图2.26或图2.27节点未伸入梁内的柱外侧钢筋锚固

注:当现浇板厚度不小于100时,也可按图2.26(a)节点方式伸入板内锚固,且伸入板内长度不宜小于15d。

> **特别提示**
>
> 当柱纵筋的锚固长度为梁高—柱保护层厚度$\geq l_{aE}$时,可不弯折$12d$。

2)箍筋根数计算同中柱。

5. 柱变截面位置纵筋钢筋构造

如图 2.29 所示为柱变截面处纵向钢筋构造,以图 2.29(a)为例(h_b 为梁高):

框架柱变截面位置纵向钢筋构造——非贯通处理

(1)当上柱与下柱中心线重合,$\dfrac{\Delta}{h_b} > \dfrac{1}{6}$ 时,上柱纵筋向下柱的延伸长度为从楼面开始向下延伸 $1.2l_{aE}$；下柱纵筋延伸至梁顶向柱内侧弯锚 $12d$。

(2)当 $\dfrac{\Delta}{h_b} \leq \dfrac{1}{6}$ 时,下柱纵筋在柱梁节点范围内不断开,弯折向上延伸至上柱内。

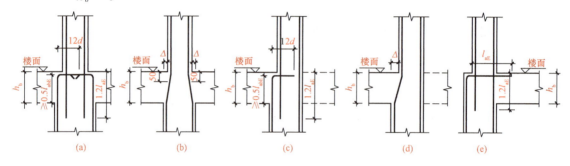

图 2.29 柱变截面处纵向钢筋构造

2.3.2 案例详解

某工程框架中柱立面图与断面图如图 2.30 所示,环境类别为一类,抗震等级为三级,柱纵筋连接采用搭接方式(沿高度方向设两个连接区),结构的设计工作年限为 50 年,柱混凝土强度等级为 C30,石子粒径<20 mm,垫层混凝土强度等级为 C25,石子粒径<20 mm,混凝土场外集中搅拌 25 m³/h,运距为 8 km,泵送 15 m³/h,试计算柱钢筋工程量。

解：(1)确定构件混凝土保护层厚度。

1)基础底面有混凝土垫层,故基础底面钢筋的保护层厚度为 40 mm。

2)构件的设计工作年限为 50 年,一类环境,混凝土强度等级为 C30,故柱的保护层厚度为 20 mm。

(2)计算搭接长度 l_{lE}。

由题意可知,抗震等级为三级,混凝土强度等级为 C30,钢筋采用 HRB400 级,直径为 25 mm。

由于上下层钢筋种类相同,故搭接钢筋面积百分率为 50%,查表 1.9,得出 $l_{lE}=52d=52×25=1\ 300(\text{mm})>300\ \text{mm}$,故 l_{lE} 取 1 300 mm。

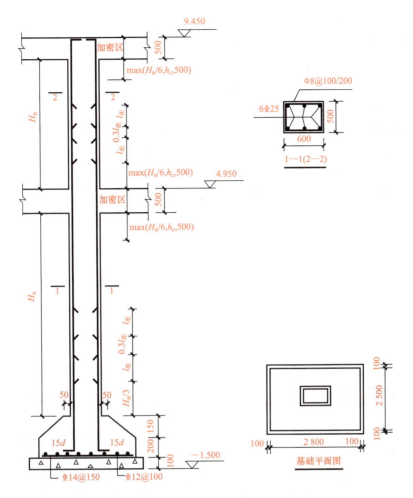

图 2.30 框架柱配筋图

(3)计算 H_n 及柱加密区长度。

1)一层：

$$H_n=4.95+1.5-0.45-0.5=5.5(\mathrm{m})$$

柱根加密区长度 $=5.5/3=1.83(\mathrm{m})$

柱顶加密区长度 $=\max(H_n/6, h_c, 500)=\max(5\ 500/6, 600, 500)=917(\mathrm{mm})=0.917\ \mathrm{m}$

非加密区长度 $=5.5-1.83-2.3\times1.3-0.917=-0.237(\mathrm{m})$，即一层连接区的高度 $(5.5-1.83-0.917=2.753\ \mathrm{m})$ 小于纵筋分两批搭接所需要的高度 $(2.3\times1.3=2.99\ \mathrm{m})$，故不能采用搭接，应改用机械连接或焊接连接。

2)二层：

$$H_n=9.45-4.95-0.5=4(\mathrm{m})$$

柱根加密区长度 $=\max(H_n/6, h_c, 500)=\max(4\ 000/6, 600, 500)=667(\mathrm{mm})=0.667\ \mathrm{m}$

柱顶加密区长度 $=\max(H_n/6, h_c, 500)=\max(4\ 000/6, 600, 500)=667(\mathrm{mm})=0.667\ \mathrm{m}$

非加密区长度 $=4-0.667-2.3\times1.3-0.667=-0.324(\mathrm{m})$，即二层连接区的高度 $(4-0.667-0.667=2.666\ \mathrm{m})$ 小于纵筋分两批搭接所需要的高度 $(2.3\times1.3=2.99\ \mathrm{m})$，不能采用搭接，应改用机械连接或焊接连接。

(4)计算纵筋工程量。

单根长度=9.45+1.4-0.04-0.02+12×0.025+15×0.025=11.47(m)

总长=11.47×6=68.82(m)

总质量=68.82×3.85=265(kg)=0.265 t

(5)计算箍筋工程量。

箍筋根数=2+(一层)(1.83-0.05)/0.1+1+2.753/0.2+(0.917+0.5)/0.1+
(二层)(0.667-0.05)/0.1+1+2.666/0.2+(0.667+0.5-0.02)/0.12+
(一层)19+14+15+(2层)8+14+12=84(根)

箍筋单根长度=2×(0.6+0.5)-8×0.02+2×11.9×0.008=2.23(m)

总长度=2.23×84=187.32(m)

总质量=187.32×0.395=74(kg)=0.074 t

> **特别提示**
>
> 第一根箍筋与基础顶面或楼面的距离按构造要求为 50 mm。

学习启示

柱是建筑结构中重要的受力构件,主要起支撑作用,是关系整体结构安全的关键一环。我国自古就有"擎天柱""顶梁柱""中流砥柱"的说法,柱在传统文化中象征着力量、权威和不屈不挠的生命力。党的二十大报告中提出"中国人民和中华民族从近代以后的深重苦难走向伟大复兴的光明前景,从来就没有教科书,更没有现成答案","党的百年奋斗成功道路是党领导人民独立自主探索开辟出来的,马克思主义的中国篇章是中国共产党人依靠自身力量实践出来的,贯穿其中的一个基本点就是中国的问题必须从中国基本国情出发,由中国人自己来解答"。中国共产党是中华民族的脊梁,没有共产党就没有新中国。

项目小结

通过本项目的学习,要求掌握以下内容:

1. 柱结构施工图中列表注写方式与截面注写方式所表达的内容。

2. 柱标准构造详图中纵筋在基础内的锚固、柱顶的锚固、非连接区长度、搭接长度等的构造要求及箍筋加密区的构造规定。

3. 能够准确计算柱纵筋长度、基础内的锚固长度、柱顶锚固长度、搭接长度、箍筋加密区长度及箍筋根数等。

习 题

1. 某工程框架柱的平面布置图如图 2.9 所示,基础底板为 C30 筏形基础,厚度为 400 mm,下设 C25 混凝土垫层,柱混凝土强度等级为 C30,环境类别为一类,结构设计工作年限为 50 年,结构抗震等级为二级,柱纵筋采用绑扎连接,试计算 KZ1 和 KZ2 中间柱的纵筋和箍筋工程量。

2. 某工程框架柱立面图与断面图如图 2.31 所示,环境类别为一类,抗震等级为二级,柱纵筋连接采用搭接方式(沿高度方向设两个连接区),结构的设计工作年限为 50 年,柱混凝土强度等级为 C30,垫层混凝土强度等级为 C25,试计算:(1)该柱为边柱时钢筋工程量;(2)该柱为角柱时钢筋工程量。

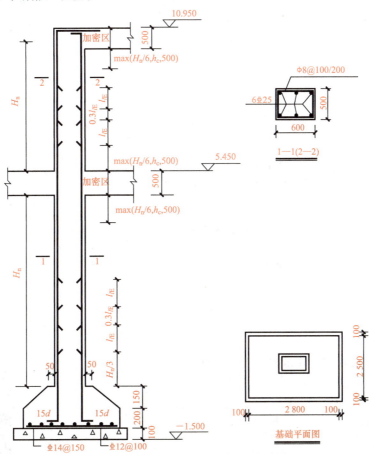

图 2.31 某框架柱边柱(角柱)配筋图

项目 3　梁平法识图与钢筋计算

教学目标

通过本项目的学习，进一步熟悉22G101图集的相关内容；掌握梁结构施工图中平面注写方式与截面注写方式所表达的内容；掌握梁标准构造详图中通长筋、支座负筋、腰筋、拉筋等的构造要求及箍筋加密区的构造规定；能够准确计算各种类型钢筋的长度。养成精细识读梁平法施工图、精细计算梁钢筋工程量的良好作风，精研细磨框架梁构造；框架梁将一个个独立的框架柱连接一起，共同搭建一个整体的建筑框架，要培养学生团队意识、爱岗敬业的职业素质，以凝聚团结之力，共创美好未来。

教学要求

能力目标	知识要点	相关知识	权重
能够熟练地应用梁的平法制图规则和钢筋构造详图知识识读梁的平法施工图	集中标注、原位标注、锚固长度、搭接长度、箍筋加密区	钢筋种类、混凝土强度等级、抗震等级、受拉钢筋基本锚固长度、环境类别、施工图的阅读等	0.7
能够熟练地计算各种类型钢筋的长度	构件净长度、锚固长度、搭接长度、钢筋保护层、钢筋弯钩增加值	与钢筋计算相关的消耗量定额规定、施工图的阅读、钢筋的线密度等	0.3

引　例

某框架梁平面注写方法示例如图3.1所示。

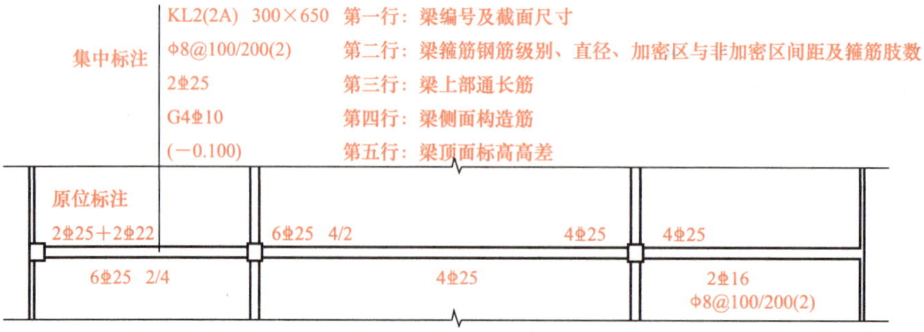

钢筋骨架

图 3.1　框架梁平面注写方法示例

混凝土强度等级为 C30，环境类别为一类，混凝土结构设计工作年限为 50 年，抗震等级为三级。在阅读该梁的平法施工图时，集中标注和原位标注包含哪些内容？梁的立面配筋和断面配筋如何布置？计算钢筋长度时应考虑哪些因素？箍筋加密区长度如何确定？这些正是本项目要重点研究的问题。

任务 3.1　平面注写方式

平面注写方式是在梁平面布置图上，分别在不同编号的梁中各选一根梁，在其上标注截面尺寸和配筋具体数值的方式来表达梁平法施工图。如图 3.2 所示为某工程二层梁平法施工图。

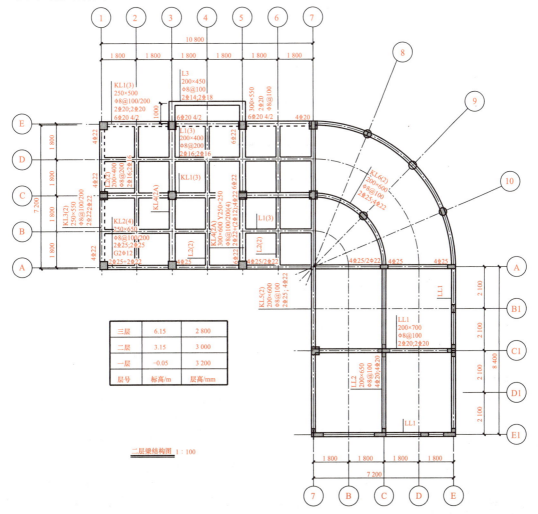

图 3.2　某工程二层梁平法施工图

平面注写包括集中标注和原位标注。集中标注表达梁的通用数值；原位标注表达梁的特殊数值。当集中标注中的某项数值不适用于梁的某部位时，则将该项具体数值原位标注，施工时，原位标注取值优先。

3.1.1 集中标注

集中标注表达梁的通用数值,包括梁编号、梁截面尺寸、梁箍筋、梁上部通长筋或架立筋配置、梁侧面纵向构造钢筋或受扭钢筋配置和梁顶面标高高差六项。梁集中标注的内容前五项为必注值,后一项为选注值。

知识链接

梁内常见的钢筋有 10 种,即上部通长筋或贯通筋、端支座负筋、中间支座负筋、架立筋、下部钢筋、下部通长筋或贯通筋、腰筋、拉筋、吊筋及箍筋,如图 3.3 所示。

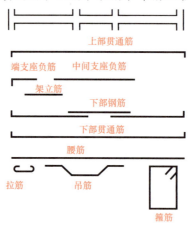

图 3.3 梁内常见的 10 种钢筋

1. 梁编号

梁的编号由梁类型代号、序号、跨数及有无悬挑代号组成。各种类型梁的编号见表 3.1。

表 3.1 梁编号

梁类型	代号	序号	跨数及有无悬挑代号	示例
楼层框架梁	KL	××	(××)、(××A)或(××B)	KL4(2A)、KL2(2B)
楼层框架扁梁	KBL	××	(××)、(××A)或(××B)	KBL(3B)
屋面框架梁	WKL	××	(××)、(××A)或(××B)	WKL5(3B)
框支梁	KZL	××	(××)、(××A)或(××B)	KZL2
托柱转换梁	TZL	××	(××)、(××A)或(××B)	TZL03
非框架梁	L	××	(××)、(××A)或(××B)	L6(4B)
悬挑梁	XL	××	(××)、(××A)或(××B)	XL3
井字梁	JZL	××	(××)、(××A)或(××B)	JZL2(5A)

注:1.(××A)为一端有悬挑,(××B)为两端有悬挑,悬挑不计入跨数。
2. 楼层框架扁梁节点核心区代号 KBH。
3. 22G101 中非框架梁 L、井字梁 JZL 表示端支座为铰接;当非框架梁 L、井字梁 JZL 端支座上部纵筋为充分利用钢筋的抗拉强度时,在梁代号后加"g",如 Lg7(5)表示第 7 号非框架梁、5 跨,端支座上部纵筋为充分利用钢筋的抗拉强度。
4. 当非框架梁 L 按受扭设计时,在梁代号后加"N"。

例如，图3.2中③轴和⑤轴的梁的编号为KL4(2A)，表示第4号框架梁，2跨，上端有悬挑。

又如 KL2(2B)，表示第2号框架梁，2跨，两端有悬挑，如图3.4所示。

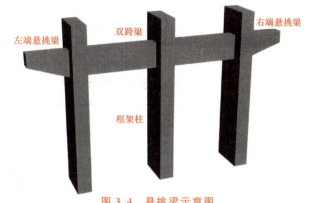

图3.4 悬挑梁示意图

知识链接

框架梁与框支梁的区别：框架梁(KL)是指两端与框架柱(KZ)相连的梁，或者两端与剪力墙相连但跨高比不小于5的梁；框支梁是指由于建筑功能的要求，需下部大空间，因此，上部部分竖向构件不能直接连续贯通落地，而是通过水平转换结构与下部竖向构件连接的梁。当布置的转换梁支撑上部的剪力墙时，转换梁称为框支梁，支撑框支梁的柱子称为转换柱，如图3.5所示。

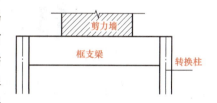

图3.5 框支梁与转换柱示意图

2. 梁截面尺寸

(1)当为等截面梁时，用 $b \times h$ 表示。如图3.6所示，梁的截面尺寸为 300 mm(宽)×750 mm(高)。

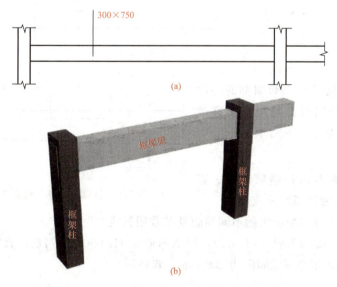

图3.6 等截面梁示意图
(a)立面图；(b)立体图

(2)当为竖向加腋梁时,用 $b×h\ Yc_1×c_2$ 表示,其中 c_1 为腋长,c_2 为腋高。如图3.7所示,梁的截面尺寸为 300 mm(宽)×750 mm(高);加腋部分尺寸,腋长 500 mm,腋高 250 mm。

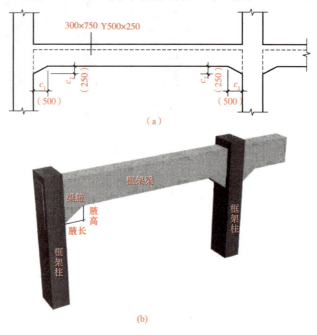

图 3.7 竖向加腋梁示意图
(a)立面图;(b)立体图

(3)当为水平加腋梁时,一侧加腋时用 $b×h\ PYc_1×c_2$ 表示,其中 c_1 为腋长,c_2 为腋宽,如图3.8所示。

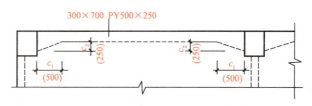

图 3.8 水平加腋梁注写示意图

(4)当有悬挑梁且根部和端部的高度不同时,用斜线分隔根部与端部的高度值,即 $b×h_1/h_2$,如图3.9所示。

3. 梁箍筋

梁箍筋注写内容包括钢筋种类、直径、加密区与非加密区间距及肢数。

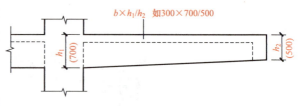

图 3.9 悬挑梁不等高截面注写示意图

(1)箍筋加密区与非加密区的不同间距及肢数用斜线"/"分隔。

例如,图3.1中的 Φ8@100/200(2),表示箍筋为 HPB300 级钢筋,直径为 8 mm,加密区间距为 100 mm,非加密区间距为 200 mm,双肢箍。

· 40 ·

> **特别提示**
>
> 如果箍筋的肢数为双肢箍,则箍筋间距后面的"(2)"可省略不写。
>
> 梁箍筋加密区与非加密区示意图如图 3.10 所示。
>
>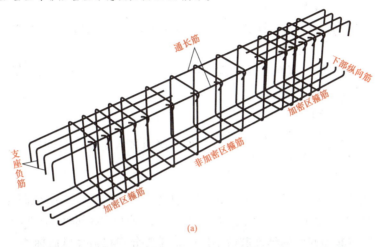
>
>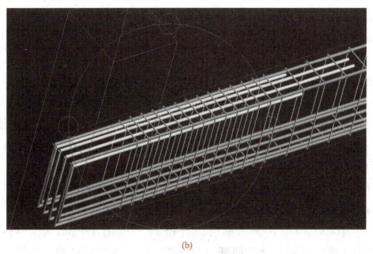
>
>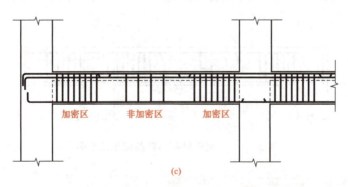
>
> 图 3.10 梁箍筋加密区与非加密区示意图
> (a)立体图(一);(b)立体图(二);(c)立面图

(2)当梁箍筋为同一种间距及肢数时,则不用斜线"/"。

例如,图3.2中的 $\begin{array}{l}\text{KL5(2)}\\200\times600\\\phi8@100\\2\oplus25;4\oplus22\end{array}$,框架梁的名称及编号为KL5,两跨;梁的断面尺寸为梁宽200 mm,梁高600 mm;箍筋为直径8 mm的HPB300级钢筋,间距为100 mm,双肢箍。

(3)当加密区与非加密区的箍筋肢数相同时,则将肢数标注一次,箍筋肢数写在括号内。

例如,图3.2中的 $\begin{array}{l}\text{KL4(2A)}\\300\times600\ \text{Y}250\times250\\\phi8@100/200(4)\\2\oplus22+(2\oplus12);4\oplus22\end{array}$,框架梁的名称及编号为KL4,两跨一端有悬挑;梁的断面尺寸为梁宽300 mm,梁高600 mm;为加腋梁,腋长为250 mm,腋高为250 mm;箍筋为直径8 mm的HPB300级钢筋,加密区间距为100 mm,非加密区间距为200 mm,均为四肢箍。

(4)当加密区与非加密区的箍筋肢数不同时,需要分别在括号里面标注。

例如, $\begin{array}{l}\text{KL4(2A)}\\300\times600\ \text{Y}250\times250\\\phi8@100(4)/200(2)\\2\oplus22;4\oplus22\end{array}$ 中的箍筋,表示箍筋为直径8 mm的HPB300级钢筋,加密区间距为100 mm,四肢箍;非加密区间距为200 mm,双肢箍。

(5)非框架梁、悬挑梁、井字梁采用不同的箍筋间距及肢数时,也用斜线"/"将其分隔开来。注写时,先注写梁支座端部的箍筋(包括箍筋的箍数、钢筋种类、直径、间距与肢数),在斜线后注写梁跨中部分的箍筋间距及肢数。

例如,16Φ8@150(4)/200(2),表示箍筋为直径8 mm的HPB300级钢筋,梁两端各有16根间距为150 mm的四肢箍,梁中间部分为间距200 mm的双肢箍。

又如,9Φ12@100/200(6),表示箍筋为直径12 mm的HPB300级钢筋,梁两端各有9根间距为100 mm的六肢箍,梁中间部分为间距200 mm的六肢箍,如图3.11所示。

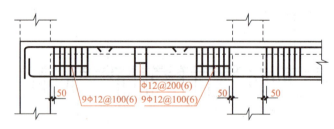

图3.11 非框架梁两种箍筋间距示意图

4. 梁上部通长筋或架立筋配置

(1)通长筋是指直径不一定相同但必须采用搭接、焊接或机械连接接长且两端在端支座锚固的钢筋。

(2)当同排纵筋中既有通长筋又有架立筋时,用加号"+"将通长筋和架立筋相连。标注时,将角部纵筋写在加号的前面,架立筋写在加号后面的括号内,以示不同直径及与通长筋的区别。当全部采用架立筋时,则将其写入括号内。

例如,2Φ20+(2Φ12),2Φ20代表角部的通长筋,2Φ12代表中部的架立筋,如图 3.12 所示。

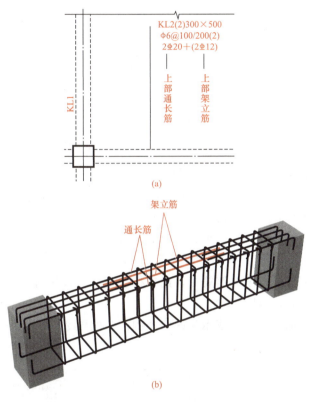

图 3.12 梁上部通长筋及架立筋示意图
(a)平法标注;(b)立体图

又如,如果 2Φ20+(2Φ12)用于四肢箍,则 2Φ20 代表角部的通长筋,2Φ12 代表中部的架立筋,如图 3.13 所示。

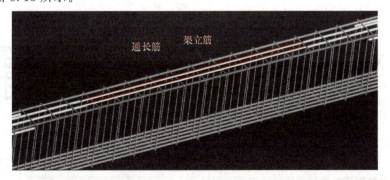

图 3.13 梁上部通长筋及架立筋(四肢箍)立体图

(3)当梁的上部纵筋和下部纵筋为全跨相同,且多数跨配筋相同时,此项可加注下部纵筋的配筋值,并用分号";"将上部与下部纵筋的配筋值分隔开来。

例如,图3.2中Ⓔ轴的KL1的集中标注如图3.14所示,框架梁的名称为KL1,三跨;梁的断面尺寸为梁宽250 mm,梁高500 mm;箍筋为直径8 mm的HPB300级钢筋,加密区间距为100 mm,非加密区间距为200 mm,双肢箍;梁的上、下部通长筋均为2根直径20 mm的HRB335级钢筋。

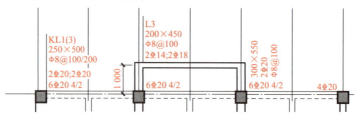

图3.14 梁上部和下部均有通长筋时的平法标注

5. 梁侧面纵向构造钢筋或受扭钢筋配置

(1)当梁腹板高度≥450 mm时,需配置纵向构造钢筋,此项标注值以大写字母G打头,接续标注配置在梁两个侧面的总配筋值,且对称配置。

例如,图3.15中的G4Φ10,表示梁的两个侧面共配置4Φ10的纵向构造钢筋,每侧各配置2Φ10。

(2)当梁侧面需配置受扭纵向钢筋时,此项标注值以大写字母N打头,接续标注配置在梁两个侧面的总配筋值,且对称配置。

例如,图3.16中的N2Φ16,表示梁的两个侧面共配置2Φ16的受扭纵向钢筋,每侧各配置1Φ16。

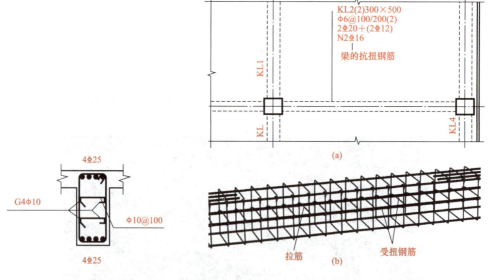

图3.15 梁侧面纵向
构造钢筋配置

图3.16 梁侧面纵向受扭钢筋示意图
(a)平法标注;(b)立体图

> **特别提示**
>
> 受扭纵向钢筋应满足梁侧面纵向构造钢筋的间距要求,且不再重复配置纵向构造钢筋。
>
> 当为梁侧面构造钢筋时,其搭接与锚固长度可取为 $15d$。
>
> 当为梁侧面受扭纵向钢筋时,其搭接长度为 l_l 或 l_{lE}(抗震),锚固长度为 l_a 或 l_{aE}(抗震),其锚固方式同框架梁下部纵筋,如图 3.17 所示。
>
>
> 梁端支座钢筋构造
>
>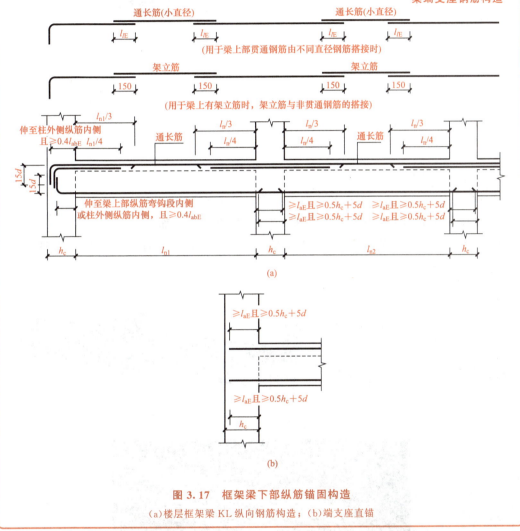
>
> **图 3.17 框架梁下部纵筋锚固构造**
> (a)楼层框架梁 KL 纵向钢筋构造;(b)端支座直锚

6. 梁顶面标高高差

梁顶面标高高差是指相对于结构层楼面标高的高差值。有高差时,将其写入括号内。当某梁的顶面高于所在结构层的楼面标高时,其标高高差为正值;反之,为负值。

例如,某结构标准层的楼面标高为 44.950 m 和 48.250 m,当某梁的梁顶面标高高差标注为(-0.700)时,即表明该梁顶面标高分别相对于 44.950 m 和 48.250 m 低 0.700 m,如图 3.18 所示。

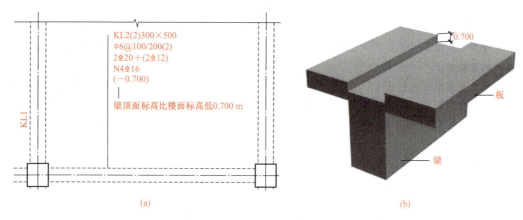

图 3.18 梁顶面标高高差示意图
(a)平法标注;(b)立体图

3.1.2 原位标注

1. 梁支座上部纵筋

梁支座上部纵筋包含上部通长筋在内的所有通过支座的纵筋。

(1)当上部纵筋多于一排时,用斜线"/"将各排纵筋自上而下分开。例如,梁支座上部纵筋标注为 6⌀20 4/2,则表示上一排纵筋为 4⌀20,下一排纵筋为 2⌀20,如图 3.19 所示。

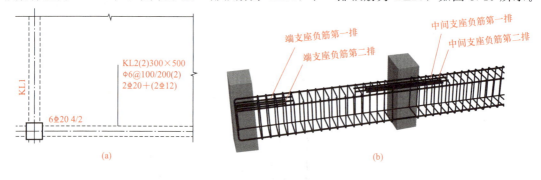

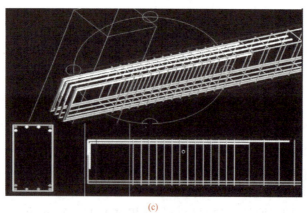

图 3.19 梁支座上部纵筋示意图
(a)原位标注;(b)立体图;(c)立面图、断面图及立体示意对照图

（2）当同排纵筋有两种直径时，用加号"＋"将两种直径的纵筋相连，标注时将角部纵筋写在前面。

例如，梁支座上部标注为 2Φ25＋4Φ22，表示梁支座上部有 6 根纵筋，2Φ25 放在角部，4Φ22 放在中部。

（3）当梁中间支座两边的上部纵筋不同时，须在支座两边分别标注；当梁中间支座两边的上部纵筋相同时，可只在支座的一边标注配筋值，另一边省去不注，如图 3.20、图 3.21 所示。

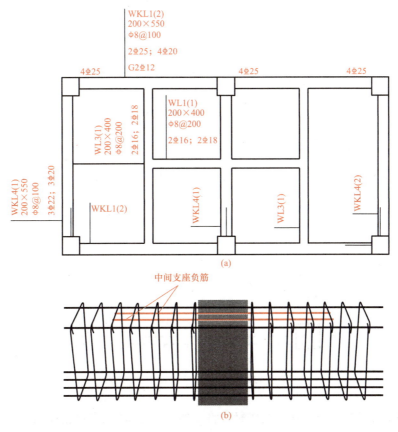

图 3.20 梁中间支座两边上部纵筋示意图
(a)平法标注；(b)立体图

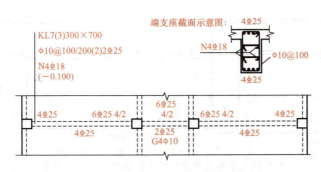

图 3.21 大小跨梁支座上部纵筋平法标注

2. 梁下部纵筋

(1)当下部纵筋多于一排时,用斜线"/"将各排纵筋自上而下分开。例如,梁下部纵筋标注为 6⏀25 2/4,则表示上一排纵筋为 2⏀25,下一排纵筋为 4⏀25,全部伸入支座,如图 3.22 所示。

图 3.22 梁下部纵筋原位标注(一)

(2)当同排纵筋有两种直径时,用加号"+"将两种直径的纵筋相连,标注时角筋写在前面,如图 3.23 所示。

图 3.23 梁下部纵筋原位标注(二)

(3)当梁下部纵筋不全部伸入支座时,将不伸入梁支座的下部纵筋数量写在括号内。

例如,梁下部纵筋标注为 6⏀20 2(-2)/4,表示上一排纵筋为 2⏀20,且不伸入支座;下一排纵筋为 4⏀20,全部伸入支座,如图 3.24 所示。

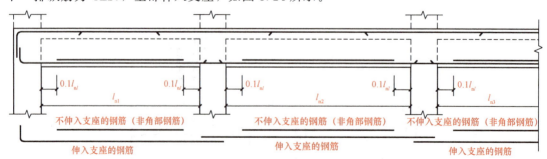

图 3.24 不伸入支座的梁下部纵向钢筋断点位置

又如,梁下部纵筋标注为 2⏀25+3⏀20(-3)/5⏀20,表示上一排纵筋为 2⏀25 和 3⏀20,

其中 3Φ20 不伸入支座；下一排纵筋为 5Φ20，全部伸入支座。

(4)当梁的集中标注中已分别标注了梁上部和下部均为通长的纵筋值时，则不需再在梁下部重复作原位标注。

(5)当梁设置竖向加腋时，加腋部位下部斜纵筋应在支座下部以 Y 打头标注在括号内。当梁设置水平加腋时，水平加腋内上、下部斜纵筋应在加腋支座上部以 Y 打头标注在括号内，上下部斜纵筋之间用"/"分隔，如图 3.25 所示。

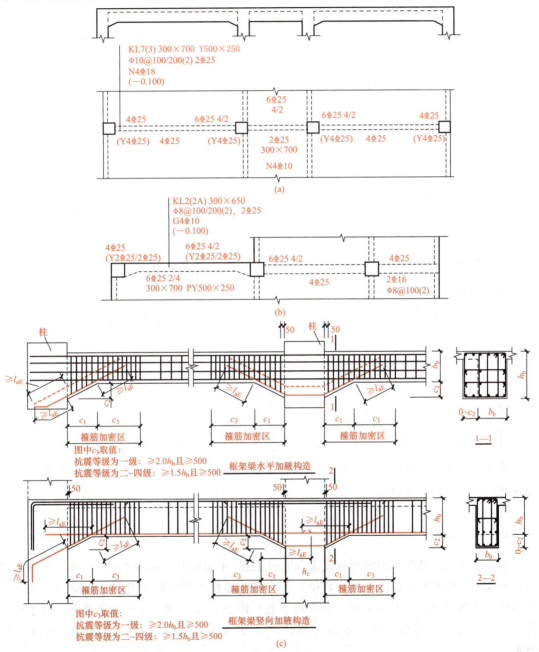

图 3.25 加腋梁平法标注

(a)梁竖向加腋平面注写方式；(b)梁水平加腋平面注写方式；(c)框架梁水平、竖向加腋构造

当在梁上集中标注的内容(即梁截面尺寸、箍筋、上部通长筋或架立筋,梁侧面纵向构造钢筋或受扭纵向钢筋,以及梁顶面标高高差中的某一项或几项数值)不适用于某跨或某悬挑部分时,则将其不同数值原位标注在该跨或该悬挑部位。施工时,应按原位标注数值取用,如图3.25(a)的中间跨的扭筋所示。

当在多跨梁的集中标注中已注明加腋,而该梁某跨的根部却不需要加腋时,则应在该跨原位标注等截面的$b \times h$,以修正集中标注中的加腋信息,如图3.25(a)的中间跨所示。

3. 附加箍筋或吊筋

将附加箍筋或吊筋直接画在平面图中的主梁上,用线引注总配筋值。对于附加箍筋,设计尚应注明附加箍筋的肢数,箍筋肢数注写在括号内(图3.26)。当多数附加箍筋或吊筋相同时,可在梁平法施工图上统一注明。少数与统一注明值不同时,再原位引注。

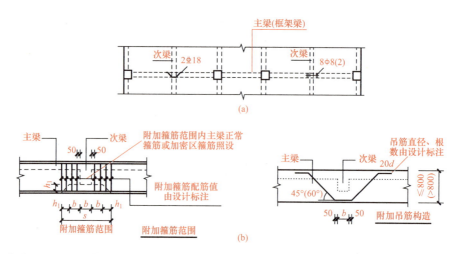

图3.26 附加箍筋和吊筋示意图
(a)平面注写方式;(b)配筋构造

> **知识链接**

施工时应注意:附加箍筋或吊筋的几何尺寸应按照标准构造详图,结合其所在位置的主梁和次梁的截面尺寸而定。

3.1.3 梁支座上部纵筋的长度规定

为方便施工,凡框架梁的所有支座和非框架梁(不包括井字梁)的中间支座上部纵筋的延伸长度,在标准构造详图中统一取值:第一排非通长筋及与跨中直径不同的通长筋从柱(梁)边缘起延伸至$l_n/3$位置;第二排非通长筋延伸至$l_n/4$位置。l_n的取值规定:对于端支座,l_n为本跨的净跨值;对于中间支座,l_n为支座两边较大一跨的净跨值,如图3.27所示。

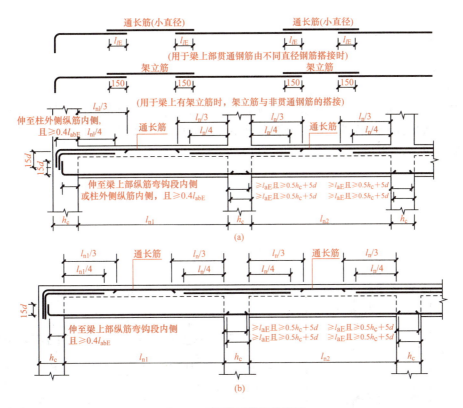

图 3.27 梁的配筋构造详图

(a)楼层框架梁 KL 纵向钢筋构造；(b)屋面框架梁 WKL 纵向钢筋构造

悬挑梁(包括其他类型梁的悬挑部分)上部第一排纵筋延伸至梁端头并下弯，第二排延伸至 $3l/4$ 位置，l 为自柱(梁)边算起的悬挑净长，如图 3.28 所示。

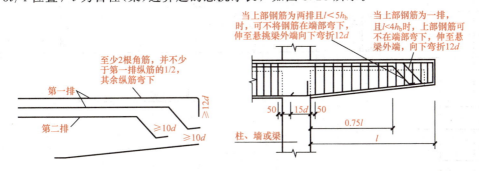

图 3.28 悬挑梁的配筋构造

3.1.4 不伸入支座的梁下部纵筋的长度规定

当梁(不包括框支梁)下部纵筋不全部伸入支座时，不伸入支座的梁下部纵筋截断点距支座边的距离，在标准构造详图中统一取为 $0.1l_{ni}$（l_{ni} 为本跨梁的净跨值），如图 3.24 所示。

任务 3.2 截面注写方式

截面注写方式是指在分标准层绘制的梁平面布置图上，分别在不同编号的梁中各选择一根梁用剖面号引出配筋图，并在配筋图上用标注截面尺寸和配筋具体数值的方式来表达梁平法施工图，如图 3.29 所示。

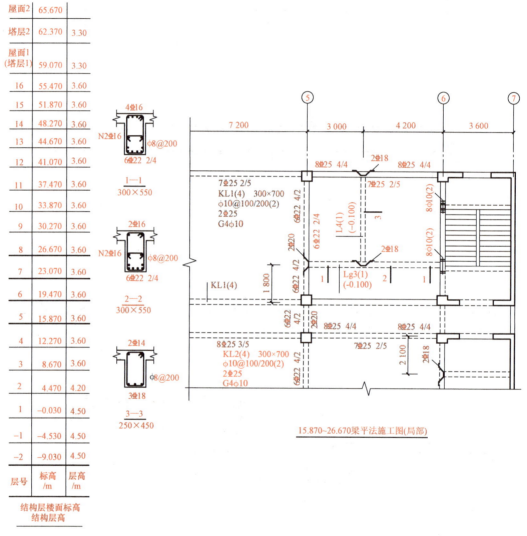

图 3.29 截面注写方式

梁进行截面标注时，先将"单边截面号"画在该梁上，再将截面配筋详图画在本图或其他图上。如果某一梁的顶面标高与结构层的楼面标高不同时，就应该在其梁编号后标注梁顶面标高高差（标注规定与平面标注方式相同）。

在截面配筋详图上标注截面尺寸 $b \times h$、上部筋、下部筋、侧面构造筋或受扭筋及箍筋的具体数值时，其表达形式与平面标注方式相同。

截面注写方式既可以单独使用,也可以与平面标注方式结合使用。

> **特别提示**
>
> 在梁平法施工图中,一般采用平面标注方式,当平面图中局部区域的梁布置过密时,可以采用截面注写方式,或者将过密区用虚线框出,适当放大比例后,再对局部用平面注写方式,但是对异形截面梁的尺寸和配筋,用截面注写相对要方便些。

任务 3.3　案　　例

3.3.1　标准构造详图

3.3.1.1　框架梁钢筋构造与长度计算

1. 楼层框架梁 KL 纵筋构造

(1)框架梁上部纵筋构造。框架梁上部纵筋包括上部通长筋、端支座负筋、中间支座负筋和架立筋,如图 3.30 所示。

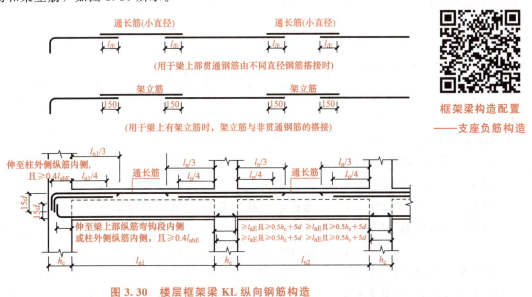

框架梁构造配置
——支座负筋构造

图 3.30　楼层框架梁 KL 纵向钢筋构造

1)框架梁上部通长筋长度计算。

当框架梁为单跨梁时,长度=净跨长+左支座锚固长度+右支座锚固长度;

当框架梁为多跨连续梁时,长度=总净跨长(第一个支座至最后一个支座间的净长度)+左支座锚固长度+右支座锚固长度+搭接长度×搭接个数。

> **特别提示**
>
> 左、右支座锚固长度的判断：
> ①当柱宽 h_c －保护层厚度 $\geq l_{aE}$ 时，满足直锚条件，锚固长度＝$\max(l_{aE}, 0.5h_c+5d)$。
> ②当柱宽 h_c －保护层厚度 $< l_{aE}$ 时，弯锚，锚固长度＝h_c －保护层厚度＋15d。

2）框架梁端支座负筋长度计算。

$$第一排负筋长度＝1/3 净跨长＋左（或右）支座锚固长度$$
$$第二排负筋长度＝1/4 净跨长＋左（或右）支座锚固长度$$

3）框架梁中间支座负筋长度计算。

$$第一排负筋长度＝1/3 净跨长\times 2＋支座宽$$
$$第二排负筋长度＝1/4 净跨长\times 2＋支座宽$$

> **特别提示**
>
> 净跨长取相邻两跨净跨的最大值。

4）框架梁架立筋长度计算。如图 3.30 第一跨所示，架立筋长度＝净跨长 l_{n1}－左支座负筋伸入跨内净长度 $l_{n1}/3$－右支座负筋伸入跨内净长度 $l_n/3$＋150×2。

> **特别提示**
>
> 当梁的上部既有通长筋又有架立筋时，其中架立筋的搭接长度为 150 mm。
> 当梁的上部无贯通筋，都是架立筋时，架立筋与支座负筋的连接长度取 l_{lE}（抗震搭接长度）。

(2) 框架梁下部纵筋构造。

1）框架梁下部纵筋在端支座的锚固。

当柱宽 h_c －保护层厚度 $\geq l_{aE}$ 时，满足直锚条件，锚固长度＝$\max(l_{aE}, 0.5h_c+5d)$；

当柱宽 h_c －保护层厚度 $< l_{aE}$ 时，弯锚，锚固长度＝h_c －保护层厚度＋15d。

2）框架梁下部纵筋在中间支座的锚固。

$$锚固长度＝\max(l_{aE}, 0.5h_c+5d)$$

3）框架梁下部纵筋长度计算。

$$边跨下部筋长度＝本身净跨长 l_{n1}＋左支座锚固长度＋右支座锚固长度 \max(l_{aE}, 0.5h_c+5d)$$
$$中间跨下部筋长度＝本身净跨长 l_{n2}＋2\times \max(l_{aE}, 0.5h_c+5d)$$

(3) 框架梁中间支座梁高、梁宽变化时的钢筋构造。框架梁中间支座两边梁顶或梁底有高差，或支座两边的梁宽不同，或支座两边梁错开布置时的钢筋构造如图 3.31 所示。

2. 屋面框架梁纵筋构造

(1) 屋面框架梁端支座纵筋构造。

1）顶层端支座梁上部纵筋。如图 3.32 所示，端支座梁上部纵筋伸入支座端弯折至梁底。

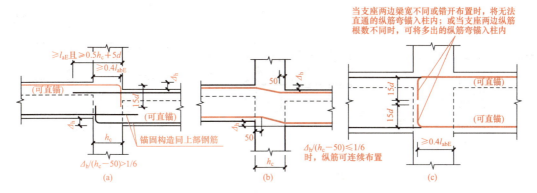

图 3.31 框架梁中间支座梁高、梁宽变化时纵向钢筋构造

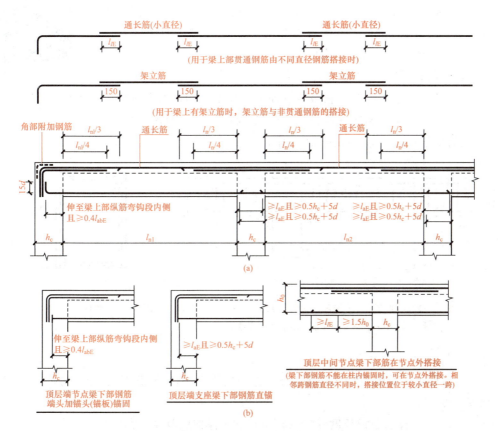

图 3.32 屋面框架梁 WKL 钢筋构造

(a)屋面框架梁 WKL 纵向钢筋构造；(b)屋面框架梁节点构造

2)顶层端支座梁下部纵筋。顶层端支座梁下部纵筋的长度计算同框架梁。

(2)屋面框架梁中间支座纵筋构造。屋面框架梁中间支座纵筋构造同框架梁。

(3)屋面框架梁中间支座梁高、梁宽变化时的钢筋构造。屋面框架梁中间支座两边梁顶或梁底有高差时，或支座两边的梁宽不同时，或支座两边梁错开布置时的钢筋构造如图 3.33 所示。

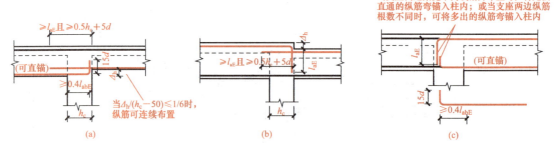

图 3.33 屋面框架梁中间支座梁高、梁宽变化时的纵向钢筋构造

3. 框架梁箍筋构造

(1)箍筋加密区长度。如图 3.34 所示,当抗震等级为一级时,加密区长度$\geq 2h_b$,且≥ 500 mm;当抗震等级为二~四级时,加密区长度$\geq 1.5h_b$,且≥ 500 mm(h_b 为梁截面高度)。

梁箍筋构造

(2)箍筋根数计算。对于某一跨框架梁:

加密区箍筋根数=[(加密区长度-50)/加密间距+1]×2

非加密区箍筋根数=非加密区长度/非加密间距-1

(3)箍筋单根长度计算,如图 3.35 所示。

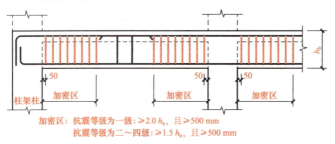

图 3.34 框架梁 KL、WKL 箍筋加密区范围 图 3.35 梁断面配筋示意图

注:弧形梁沿梁中心线展开,箍筋间距沿凸面线量度。

施工下料长度:

箍筋单根长度=2×(b+h)-8×保护层厚度-4×箍筋直径+2×钩长

预算长度:

箍筋单根长度=2×(b+h)-8×保护层厚度+2×钩长

当箍筋直径<8 mm 时,单钩长度=$1.9d+75$;

当箍筋直径≥ 8 mm 时,单钩长度=$1.9d+10d=11.9d$;

当梁不考虑抗震要求时,单钩长度=$1.9d+5d=6.9d$。

4. 框架梁部分以梁为支座时钢筋的构造

常见的框架梁是以柱(剪力墙)为支座的,但是个别的框架梁一部分以柱为支座,一部分以梁为支座,如图 3.36 所示,此时不能因为它是框架梁,就完全执行框架梁的配筋构造,而是要分别对待。要点是:

(1)纵筋构造。当梁以另一根梁为支座时,要遵循非框架梁配筋构造;当以柱(剪力墙)

为支座时,要遵循框架梁配筋构造。

(2)箍筋构造。当框架梁以柱(剪力墙)为支座时,按照构造要求设箍筋加密区;当以梁为支座时,若构造上不要求设箍筋加密区,则由设计标注。

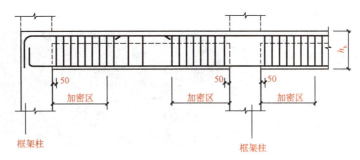

图 3.36 梁箍筋加密区

注:1.弧形梁沿中心线展开;2.箍筋间距沿凸面线量度;3. h_b 为梁截面高度。

5. 框架梁侧面钢筋构造

梁的侧面纵筋俗称"腰筋",包括梁侧面构造钢筋(以字母 G 打头)和侧面抗扭钢筋(以字母 N 打头),如图 3.37 所示。

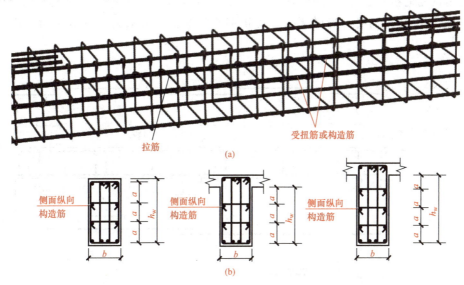

图 3.37 框架梁侧面钢筋构造
(a)梁侧面纵向钢筋立体示意图;(b)梁侧面纵向构造筋和拉筋断面图

(1)当梁的腹板高度 $h_w \geqslant 450$ mm 时,在梁的两个侧面应沿高度配置纵向钢筋,纵向构造钢筋间距 $a \leqslant 200$ mm。

(2)当梁侧面配有直径不小于构造纵筋的受扭纵筋时,受扭钢筋可以代替构造钢筋。

(3)梁侧面构造纵筋的搭接与锚固长度可取 $15d$,即构造筋长度=净跨长+$2 \times 15d$;梁侧面受扭纵筋的搭接长度为 l_{lE} 或 l_l,其锚固长度为 l_{aE} 或 l_a,锚固方式同框架梁下部纵筋,即抗扭筋长度=净跨长+$2 \times$锚固长度。

（4）当梁宽≤350 mm时，拉筋直径为6 mm，拉筋长度＝梁宽－2×保护层厚度＋2×(75＋1.9d)；当梁宽＞350 mm时，拉筋直径为8 mm，拉筋长度＝梁宽－2×保护层厚度＋2×11.9d，拉筋间距为非加密区箍筋间距的2倍。当设有多排拉筋时，上下两排拉筋竖向错开设置。

6. 附加横向钢筋构造

主、次梁相交处，次梁顶部混凝土由于负弯矩的作用而产生裂缝，主梁截面高度的中下部由于次梁传来的集中荷载而使混凝土产生斜裂缝。为了防止这些裂缝，应在次梁两侧的主梁内设置附加横向钢筋。附加横向钢筋包括箍筋和吊筋，如图3.26(b)和图3.38所示。

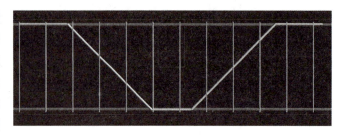

图3.38 吊筋示意图

吊筋夹角取值：当梁高≤800 mm时，取45°；当梁高＞800 mm时，取60°。

吊筋长度＝次梁宽＋2×50＋2×(梁高－2×保护层厚度)/sin45°(60°)＋2×20d

3.3.1.2 非框架梁钢筋构造与长度计算

非框架梁配筋构造如图3.39所示。图中"设计按铰接时"用于代号为L的非框架梁，"充分利用钢筋的抗拉强度时"用于代号为Lg的非框架梁；图中"受扭非框架梁纵筋构造"用于梁侧配有受扭钢筋时，当梁侧未配受扭钢筋的非框架梁需采用此构造时，设计应明确指定。

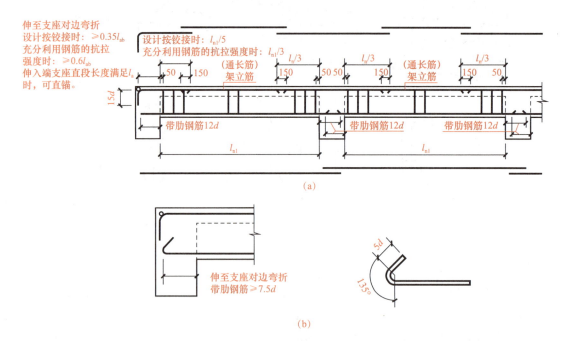

图3.39 非框架梁配筋构造

(a)非框架梁配筋构造；(b)端支座非框架梁下部纵筋弯锚构造(用于下部纵筋伸入边支座长度不满足直锚12d要求时)

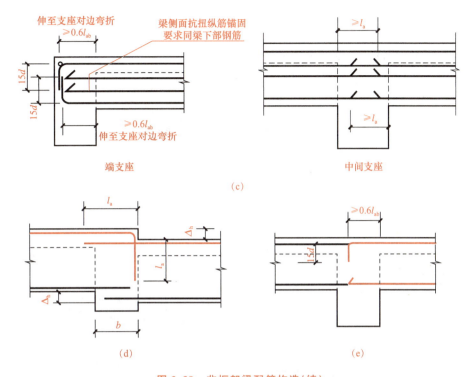

图 3.39 非框架梁配筋构造(续)

(c)受扭非框架梁纵筋构造(纵筋伸入端支座直段长度满足 l_a 时可直锚);
(d)非框架梁 L 中间支座(梁高不同)纵向钢筋构造[梁下部纵向筋锚固要求同(a)图];
(e)非框架梁 L 中间支座(两边梁宽不同)纵向钢筋构造[梁下部纵向筋锚固要求同(a)图]

(1)边跨下部钢筋长度＝本身净跨长 l_{n1} ＋左支座锚固长度＋右支座锚固长度。

1)左支座(边支座)能满足直锚要求时,锚固长度带肋钢筋取 $12d$;当不满足直锚要求时,按图 3.39(b) 要求进行弯锚,即锚固长度＝支座宽度－保护层厚度＋6.9d。

2)中间支座锚固长度带肋钢筋取 $12d$。

(2)中间跨下部钢筋长度＝本身净跨长 l_{n2} ＋左支座锚固长度＋右支座锚固长度。

1)当支座两侧梁底标高相同时,锚固长度为带肋钢筋取 $12d$。

2)当支座两侧梁底标高不同时,按图 3.39(d)构造要求。

(3)梁顶部通长筋长度计算同框架梁。

(4)梁顶部支座负筋长度计算。

1)端支座负筋长度。

设计按铰接时,长度＝$l_{n1}/5$＋支座宽度－保护层厚度＋15d。

充分利用钢筋的抗拉强度时,长度＝$l_{n1}/3$＋支座宽度－保护层厚度＋15d。

当伸入端支座直段长度满足 l_a 时,可直锚。

2)中间支座负筋长度＝支座宽度＋2×$l_n/3$。

(5)架立筋长度＝净跨长度－左支座负筋伸入跨内净长度－右支座负筋伸入跨内净长度＋2×150。

3.3.1.3 悬挑梁钢筋构造与长度计算

1. 悬挑梁上部纵筋钢筋构造

悬挑梁上部纵筋钢筋构造,如图 3.40 所示。

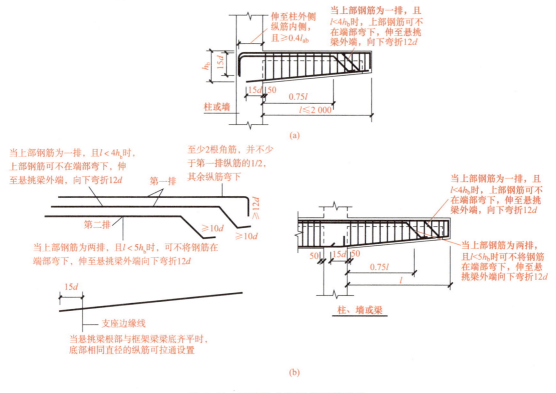

图 3.40 悬挑梁上部纵筋钢筋构造
(a)纯悬挑梁 XL;(b)延伸悬挑梁(可用于中间层或屋面)

第一排钢筋长度=l(悬挑梁净跨长)-保护层厚度+$12d$+支座锚固

当 $l \geqslant 4h_b$,即长悬挑梁时,除 2 根角筋,并不少于第一排纵筋的 1/2,其余第一排纵筋下弯 45°至梁底,长度=l-保护层厚度+$0.414 \times$(梁高-$2 \times$保护层厚度)+支座锚固。

第二排钢筋长度=$0.75l+1.414 \times$(梁高-$2 \times$保护层厚度)+$10d$+支座锚固

2. 悬挑梁下部纵筋钢筋构造

下部钢筋长度=l-保护层厚度+$15d$

3. 悬挑梁箍筋构造

悬挑梁箍筋长度和根数的计算参考框架梁。

3.3.2 案例详解

某工程 KL 平面布置图如图 3.41(a)所示,Ⓐ轴线 KZ 断面尺寸为 600 mm×500 mm,轴线居中,混凝土强度等级为 C30,一类环境,三级抗震,试结合 22G101 计算 KL 钢筋的工程量。

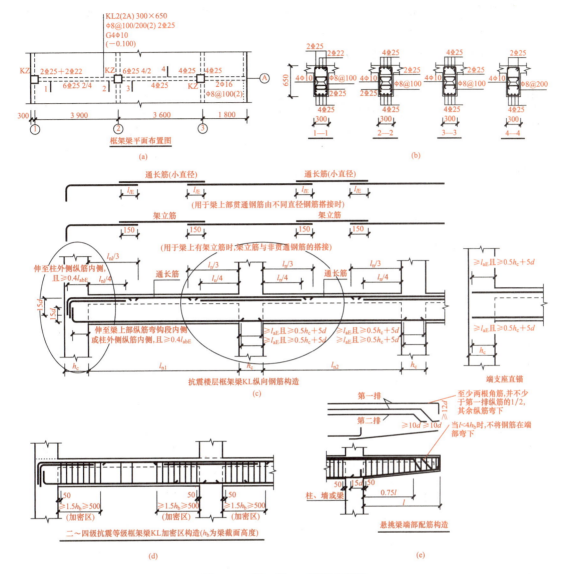

图 3.41 某工程 KL 平面布置图

分析:

(1)为便于阅读框架梁的配筋图,可绘出梁的断面配筋情况,其断面 1—1～4—4 配筋如图 3.41(b)所示。

(2)结合 22G101 阅读框架梁的立面配筋情况,梁的立面配筋构造如图 3.41(c)所示。

(3)梁侧构造筋其搭接锚固长度可取 $15d$。拉筋直径:当梁宽≤350 mm 时,拉筋直径为 6 mm;当梁宽>350 mm 时,拉筋直径为 8 mm。拉筋间距为非加密区箍筋间距的 2 倍。

解:(1)计算钢筋工程量。

钢筋种类为 HRB400,三级抗震;混凝土强度等级为 C30,$l_{aE}=37d$。当钢筋直径为 25 mm 时,$l_{aE}=37\times25=925(\text{mm})>600-20=580(\text{mm})$,必须弯锚;当钢筋直径为 22 mm 时,$l_{aE}=37\times22=814(\text{mm})>600-20=580(\text{mm})$,必须弯锚。

加密区长度:取 $\max\{1.5h_b,500\}=\max\{1.5\times650,500\}=975(\text{mm})$。

当钢筋直径为 25 mm 时，$0.5h_c+5d=0.5\times600+5\times25=425(\text{mm})$；当钢筋直径为 22 mm 时，$0.5h_c+5d=0.5\times600+5\times22=410(\text{mm})$。

(2)钢筋工程量计算过程见表 3.2。

表 3.2 钢筋工程量计算过程

计算部位	钢筋种类	钢筋简图	单根钢筋长度/m	根数	总长度/m	钢筋线密度/(kg·m⁻¹)	总质量/kg
①~②轴下部	⊈25	⌐	$3.9-0.6+0.58+15\times0.025+0.925=5.18$	6	31.08	3.85	120
②~③轴下部	⊈25	─	$3.6-0.6+0.925\times2=4.85$	4	19.4	3.85	75
③轴外侧下部	Φ16	⌐⌐	$1.8-0.3-0.02+15\times0.016+12.5\times0.016=1.92$	2	3.84	1.578	6
上部通长筋	⊈25	⌐⌐	$3.9+3.6+1.8-0.3-0.02+0.58+15\times0.025+12\times0.025=10.23$	2	20.46	3.85	79
上部①轴节点	⊈22	⌐	$3.3/3+0.58+15\times0.022=2.01$	2	4.02	2.984	12
上部②轴节点	⊈25	─	$3.3/3\times2+0.6=2.8$	2	5.6	3.85	22
	⊈25	─	$3.3/4\times2+0.6=2.25$	2	4.5	3.85	17
③轴节点	⊈25	⌐	$3/3+0.6+1.8-0.3-0.02+12\times0.025=3.38$	2	6.76	3.85	26
梁侧构造筋	Φ10	⌐⌐	$3.3+15\times0.01\times2+12.5\times0.01\times3+15\times0.01\times2+12.5\times0.01+1.8-0.3-0.02+15\times0.01+12.5\times0.01=8.9$	4	35.6	0.617	22
主筋箍筋	Φ8	▱	$2\times(0.3+0.65)-8\times0.02+2\times11.9\times0.008=1.9$	$[(0.975-0.05)/0.1+1]\times2+(3.3-0.975\times2)/0.2-1+[(0.975-0.05)/0.1+1]\times2+(3-0.975\times2)/0.2-1+(1.8-0.3-0.05-0.02)/0.1+1=67$	127.30	0.395	50

续表

计算部位	钢筋种类	钢筋简图	单根钢筋长度/m	根数	总长度/m	钢筋线密度/(kg·m^{-1})	总质量/kg
构造拉筋	$\phi 6$	⌐⌐	$0.3-2\times0.02+2\times(1.9\times0.006+0.075)=0.43$	$(3.3-2\times0.05)/0.4+1+(3-2\times0.05)/0.4+1+(1.8-0.3-0.05-0.02)/0.4+1=22$	9.46	0.222	2
合计							$\Phi 25$：339 $\Phi 22$：12 $\phi 16$：6 $\phi 10$：22 $\phi 8$：50 $\phi 6$：2

学习启示

梁是框架结构的主要组成构件，也是我国传统建筑梁架结构的重要组成部分。中国古典建筑的大屋顶是由梁柱、桁架、斗栱等许多构件组成。如果把屋顶比作一个有生命的人，那么梁柱就是其坚韧的骨骼。正是由于有了先人对梁柱等构件的精妙运用，才有了中国古典建筑大屋顶形制，才呈现出"如跂斯翼""飞檐反宇"的视觉效果。这些木构件经历了由简单到复杂、由复杂到精巧的历史演变，是中国传统建筑屋顶表现独特性的内在技术因素，营造出中国建筑特有的空间韵味，使中国建筑具有强烈的人文气息和浓郁的文化底蕴。我们在学习和运用现代专业技术的同时，也要不忘吸取传统技术的精髓，传承中华民族历史文化。

党的二十大报告指出，推进文化自信自强，铸就社会主义文化新辉煌。全面建设社会主义现代化国家，必须坚持中国特色社会主义文化发展道路，增强文化自信，围绕举旗帜、聚民心、育新人、兴文化、展形象建设社会主义文化强国，发展面向现代化、面向世界、面向未来的，民族的科学的大众的社会主义文化，激发全民族文化创新创造活力，增强实现中华民族伟大复兴的精神力量。

项目小结

通过本项目的学习，要求掌握以下内容：

1. 梁结构施工图中平面注写方式与截面注写方式所表达的内容。

2. 梁标准构造详图中通长筋、支座负筋、腰筋、拉筋等的构造要求及箍筋加密区的构造规定。

3. 能够准确计算梁上部通长筋、下部通长筋、支座负筋、架立筋、梁侧构造筋、梁侧受扭筋、拉筋、箍筋等钢筋的长度。

习 题

1. 某工程梁结构平面布置图如图 3.2 所示,工程环境类别为一类,结构工作年限为 50 年,混凝土强度等级为 C25,结构抗震等级为三级,钢筋定尺长度为 9 m,绑扎搭接,试计算①轴和③轴框架梁钢筋工程量。

2. 某工程梁结构平面布置图如图 3.42 所示,工程环境类别为一类,结构工作年限为 100 年,混凝土强度等级为 C35,结构抗震等级为一级,钢筋定尺长度为 9 m,采用直螺纹套筒连接,试计算④轴框架梁钢筋工程量。

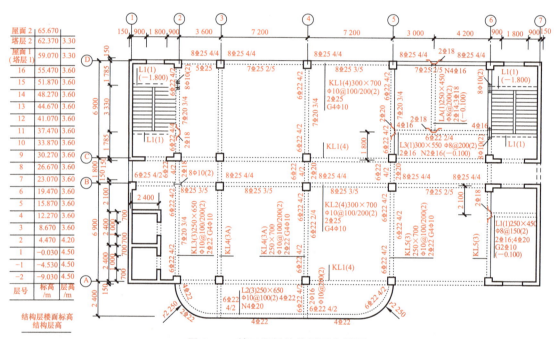

图 3.42 某工程梁结构平面布置图

项目4　剪力墙平法识图与钢筋计算

教学目标

通过本项目的学习，进一步熟悉22G101图集的相关内容；掌握剪力墙结构施工图中列表注写方式与截面注写方式所表达的内容；掌握剪力墙标准构造详图中水平分布钢筋、竖向分布钢筋、拉筋等的构造要求；能够准确计算各种类型钢筋的长度。养成精细识读剪力墙平法施工图、精细计算剪力墙钢筋工程量的良好作风，精研细磨剪力墙构造；剪力墙既是建筑的"脊梁"，又是建筑的"围护"，学生既是企业的栋梁，又是企业的希望，要培养学生增强岗位认同感、责任感、归属感，培养精益求精、抗击风险的工匠精神。

教学要求

能力目标	知识要点	相关知识	权重
能够熟练地应用剪力墙的平法制图规则和钢筋构造详图知识识读剪力墙的平法施工图	集中标注、锚固长度、搭接长度、箍筋加密区	钢筋种类、混凝土强度等级、抗震等级、受拉钢筋基本锚固长度、环境类别、施工图的阅读等	0.7
能够熟练地计算各种类型钢筋的长度	构件净长度、锚固长度、搭接长度、钢筋保护层、钢筋弯钩增加值	与钢筋计算相关的消耗量定额规定、施工图的阅读、钢筋的线密度等	0.3

引例

某剪力墙截面注写方法示例如图4.1所示，混凝土强度等级为C30，环境类别为一类，混凝土结构设计工作年限为50年，抗震等级为三级，在阅读该剪力墙的平法施工图时，集中标注包含哪些内容？剪力墙的立面配筋如何布置？计算钢筋长度时应考虑哪些因素？这正是本项目要重点研究的问题。

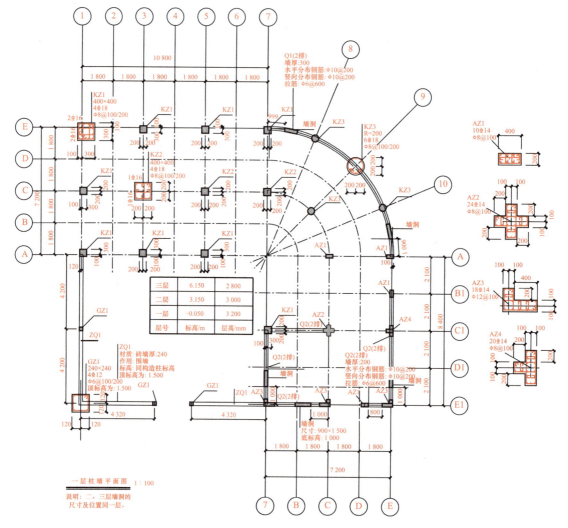

图 4.1 剪力墙截面注写方法示例

任务 4.1 列表注写方式

剪力墙平法施工图是指在剪力墙平面布置图上采用列表注写方式或截面注写方式表达。剪力墙平面布置图可采用适当比例单独绘制,在图中应注明各结构层的楼面标高、结构层高及相应的结构层号,还应注明上部结构嵌固部位位置。

列表注写方式是指在剪力墙柱表、剪力墙身表和剪力墙梁表中,对应于剪力墙平面布置图上的编号,用绘制截面配筋图并注写几何尺寸与配筋具体数值的方式来表达剪力墙平法施工图,如图 4.2 所示。

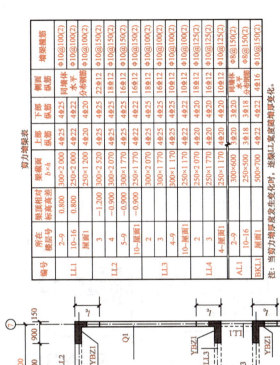

图 4.2 剪力墙列表注写方式

4.1.1 剪力墙柱

1. 剪力墙柱编号

剪力墙柱编号由墙柱类型代号和序号组成，其表达形式见表4.1。

表4.1 剪力墙柱编号

墙柱类型	代号	序号	示例
约束边缘构件	YBZ	××	YBZ1
构造边缘构件	GBZ	××	GBZ10
非边缘暗柱	AZ	××	AZ13
扶壁柱	FBZ	××	FBZ6

(1)约束边缘构件。约束边缘构件包括约束边缘暗柱、约束边缘端柱、约束边缘翼墙和约束边缘转角墙四种，如图4.3所示。

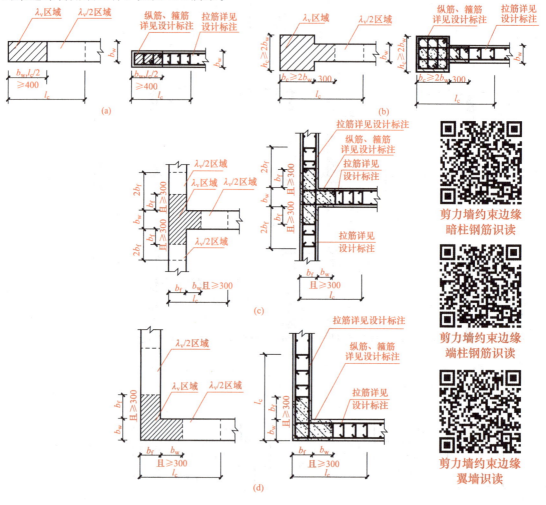

图4.3 约束边缘构件

(a)约束边缘暗柱(l_c长度范围内非阴影区设置拉筋)；(b)约束边缘端柱(l_c长度范围内非阴影区设置拉筋)；
(c)约束边缘翼墙(l_c、$2b_f$长度范围内非阴影区设置拉筋)；(d)约束边缘转角墙(l_c长度范围内非阴影区设置拉筋)

> **特别提示**
>
> 约束边缘构件是设置在剪力墙边缘(端部)起到改善受力性能作用的墙柱。用于抗侧力大和抗震等级高的剪力墙,其配筋要求比构造边缘构件更严格,配筋范围更大。

图 4.3 中 l_c 为约束边缘构件沿墙肢的伸出长度(实际工程中应注明具体数值),约束边缘构件非阴影区拉筋(除图中有标注外),竖向与水平钢筋交点处均设置,直径为 8 mm。

(2)构造边缘构件。构造边缘构件包括构造边缘暗柱、构造边缘端柱、构造边缘翼墙和构造边缘转角墙四种,如图 4.4 所示。

> **特别提示**
>
> 约束边缘构件和构造边缘构件的相同点和不同点。相同点:在剪力墙的端部或是角部都有一个阴影部分,即配筋区域,其纵筋、箍筋及拉筋详见具体设计标注;不同点:约束边缘构件除阴影部分(即配箍区域)外,在阴影部分与墙身之间还存在一个"虚线区域",这部分的配筋特点为加密拉筋,普通墙身的拉筋是"隔一拉一"或"隔二拉一",而在这个"虚线区域"内是每个竖向分布钢筋都设置拉筋。

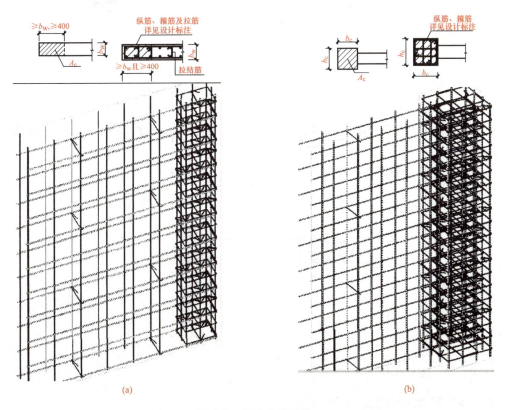

图 4.4 构造边缘构件

(a)构造边缘暗柱;(b)构造边缘端柱

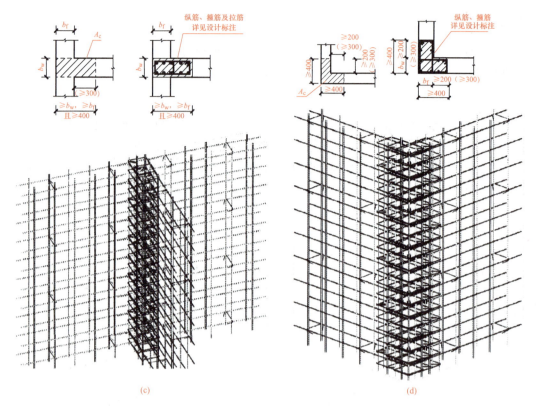

图 4.4 构造边缘构件(续)

(c)构造边缘翼墙；(d)构造边缘转角墙

注：括号中数值用于高层建筑。

(3)非边缘暗柱。非边缘暗柱是指在剪力墙的非边缘处设置的与墙等宽的墙柱，如图 4.5(a)所示。

(4)扶壁柱。扶壁柱是指在剪力墙的非边缘处设置的凸出墙面的墙柱，如图 4.5(b)所示。

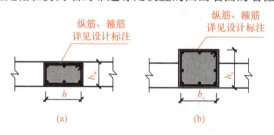

图 4.5 非边缘暗柱和扶壁柱

(a)非边缘暗柱；(b)扶壁柱

2. 剪力墙柱列表注写方式

剪力墙柱列表注写的表达内容如下：

(1)注写墙柱编号，绘制墙柱的截面配筋图，标注墙柱几何尺寸。

1)约束边缘构件需注明阴影部分尺寸，如图 4.6 中 YBZ1 阴影部分尺寸为 1 050 mm、300 mm 等。

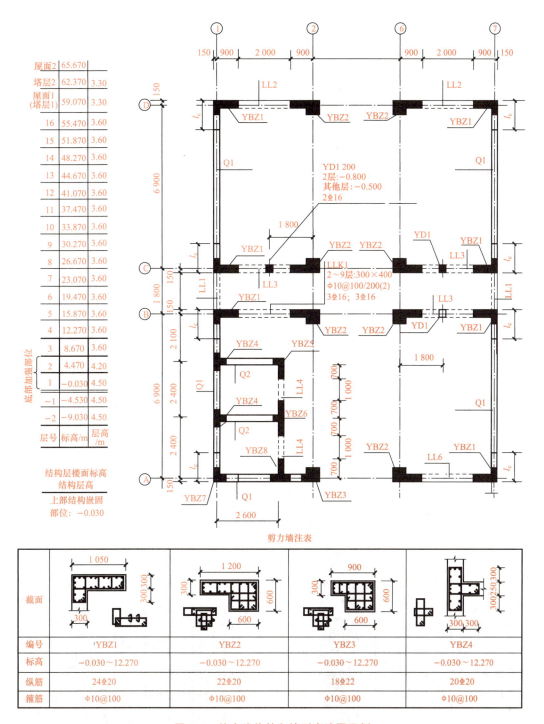

图 4.6 约束边缘转角墙列表注写示例

> **特别提示**
>
> 剪力墙平面布置图中应注明约束边缘构件沿墙肢长度 l_c。

2)构造边缘构件需注明阴影部分尺寸。

3)扶壁柱及非边缘暗柱需标注几何尺寸。

(2)注写各段墙柱起止标高,自墙柱根部向上以变截面位置或截面未变但配筋改变处为界分段注写。墙柱根部标高一般是指基础顶面标高(部分框支剪力墙结构则指框支梁的顶面标高),如图 4.6 中 YBZ1 标高为 －0.030～12.270 等。

(3)注写各段墙柱的纵向钢筋和箍筋,注写值应与在表中绘制的截面配筋图对应一致。纵向钢筋注写总配筋值;墙柱箍筋的注写方式与柱箍筋的相同。

> **特别提示**
>
> 约束边缘构件除注写阴影部分的箍筋外,尚需在剪力墙平面布置图中注写非阴影区内布置的拉筋(或箍筋)。

如图 4.6 中 YBZ1 的纵筋是 24 根直径为 20 mm 的 HRB400 级钢筋,箍筋是直径为 10 mm 的 HPB300 级钢筋,间距为 100 mm。

4.1.2 剪力墙身

1. 剪力墙身编号

剪力墙身编号由墙身代号、序号及墙身所配置的水平分布钢筋与竖向分布钢筋的排数组成。其中,排数注写在括号内。表达形式为 Q××(×排),如 Q1(2 排)、Q2(3 排)、Q3(4 排)等。

2. 剪力墙身的钢筋设置

剪力墙身的钢筋设置包括水平分布钢筋、竖向分布钢筋(即垂直分布钢筋)和拉筋。这三种钢筋形成了剪力墙身的钢筋网。一般剪力墙身设置两层或两层以上的钢筋网,而各排钢筋网的钢筋直径和间距是一致的,如图 4.7 所示。

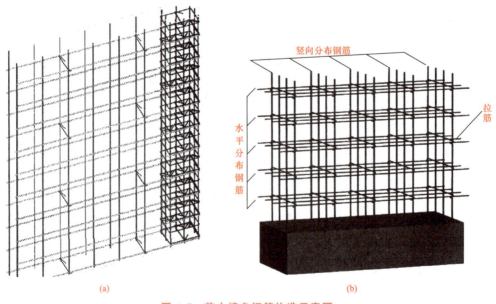

图 4.7 剪力墙身钢筋构造示意图

(a)分布钢筋的排数为 2 排;(b)分布钢筋的排数为 4 排

> **特别提示**
>
> 当墙身所设置的水平与竖向分布钢筋的排数为2时,可不注。
>
> 对于分布钢筋网的排数规定:当剪力墙厚度不大于400 mm时,应配置2排;当剪力墙厚度大于400 mm,但不大于700 mm时,宜配置3排;当剪力墙厚度大于700 mm时,宜配置4排,各排水平分布钢筋和竖向分布钢筋的直径与间距宜保持一致,如图4.8所示。
>
>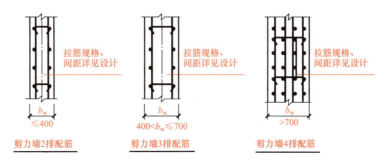
>
> 图4.8 剪力墙配筋构造断面示意图

3. 剪力墙身列表注写方式

剪力墙身列表注写方式如图4.9所示,其表达的内容如下:

(1)注写墙身编号(含水平与竖向分布钢筋的排数),如Q1、Q2。

(2)注写各段墙身起止标高,自墙身根部向上以变截面位置或截面未变但配筋改变处为界分段注写。墙身根部标高一般是指基础顶面标高(部分框支剪力墙结构则指框支梁的顶面标高),如标高$-0.030\sim30.270$墙厚为300 mm,标高$30.270\sim59.070$墙厚为250 mm。

(3)注写水平分布钢筋、竖向分布钢筋和拉筋的具体数值。注写数值为一排水平分布钢筋和竖向分布钢筋的规格与间距,如标高$-0.030\sim30.270$墙身中水平和竖向分布钢筋均为直径12 mm的HRB400级钢筋,间距为200 mm,拉结筋间距为600 mm(矩形)。拉结筋应注明布置方式"矩形"或"梅花",如图4.10所示(图中,a为竖向分布钢筋间距,b为水平分布钢筋间距)。

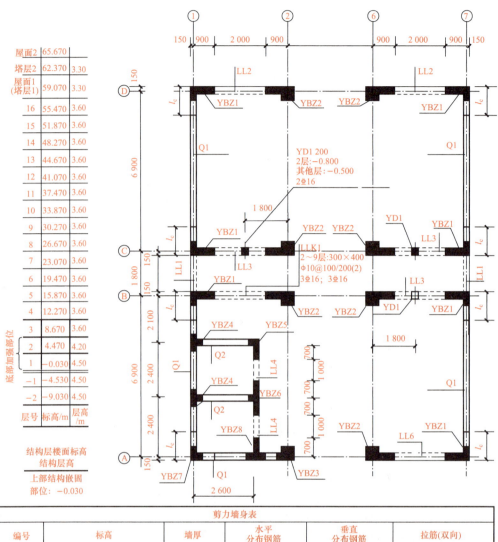

-0.030~12.270剪力墙平法施工图

图 4.9　剪力墙身列表注写示例

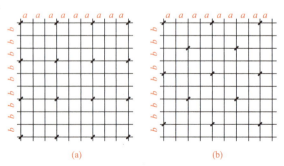

图 4.10　拉结筋设置示意图

(a)拉结筋@$3aa3b$ 矩形($a\leqslant200$，$b\leqslant200$)；(b)拉结筋@$4aa4b$ 梅花($a\leqslant150$，$b\leqslant150$)

4.1.3 剪力墙梁

1. 剪力墙梁编号

剪力墙梁编号由墙梁类型代号和序号组成，见表 4.2。

表 4.2 剪力墙梁编号

墙梁类型	代号	序号	示例
连梁	LL	××	LL1
连梁(跨高比不小于 5)	LLk	××	LLk7
连梁(对角暗撑配筋)	LL(JC)	××	LL(JC)2
连梁(交叉斜筋配筋)	LL(JX)	××	LL(JX)3
连梁(集中对角斜筋配筋)	LL(DX)	××	LL(DX)4
暗梁	AL	××	AL5
边框梁	BKL	××	BKL6

> **特别提示**
>
> 连梁：设置在剪力墙洞口上方，宽度与墙厚相同，如图 4.11 所示。
>
>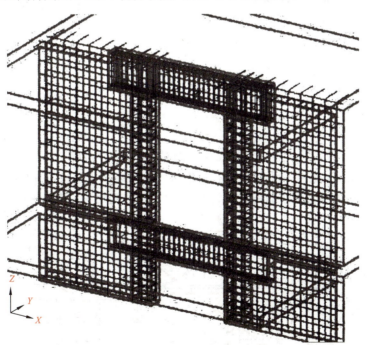
>
> 图 4.11 连梁设置示意图
>
> 暗梁：设置在剪力墙楼面和屋面位置并嵌入墙身内。
> 边框梁：设置在剪力墙楼面和屋面位置且部分凸出墙身。
> LLk：跨高比不小于 5 的连梁按框架梁设计时，代号为 LLk。

2. 剪力墙梁列表注写方式

剪力墙梁列表注写方式如图 4.2 所示，其表达的内容如下：

(1)注写墙梁编号，如 LL1、LL2 等。

(2)注写墙梁所在楼层号，如 LL1 所在楼层号有 2~9 层、10~16 层等。

(3)注写墙梁顶面标高高差(指相对于墙梁所在结构层楼面标高的高差值)。高于者为正值，低于者为负值，当无高差时不注写。如 LL1 中 2~9 层梁顶相对本楼层标高高差为 0.8 m，屋面 1 中的梁顶相对本楼层标高高差为 0。

(4)注写墙梁截面尺寸 $b \times h$，上部纵筋、下部纵筋和箍筋的具体数值。如 LL1 截面尺寸梁宽为 300 mm，梁高为 2 000 mm，上、下部纵筋均为 4 根直径 22 mm 的 HRB400 级钢筋，箍筋为直径 10 mm 的 HPB300 级钢筋，间距为 100 mm，双肢箍。

(5)当连梁设有对角暗撑时，注写暗撑的截面尺寸(箍筋外皮尺寸)；注写一根暗撑的全部纵筋，并标注"×2"表明有两根暗撑相互交叉；注写暗撑箍筋的具体数值如图 4.12 所示。

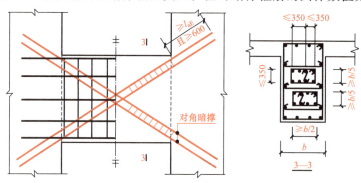

图 4.12 连梁对角暗撑配筋构造

注：用于筒中筒结构时，l_{aE} 均取为 $1.15l_a$。

(6)当连梁设有交叉斜筋时，注写连梁一侧对角斜筋的配筋值，并标注"×2"表明对称设置；注写对角斜筋在连梁端部设置的拉筋根数、强度级别及直径，并标注"×4"表示 4 个角都设置；注写连梁一侧折线筋配筋值，并标注"×2"表明对称设置(图 4.13)。

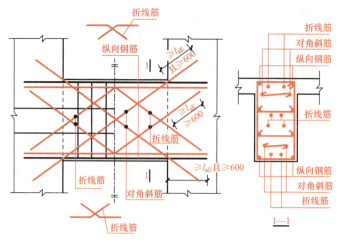

图 4.13 连梁交叉斜筋配筋构造

(7)当连梁设有集中对角斜筋时,注写一条对角线上的对角斜筋,并标注"×2"表明对称设置(图4.14)。

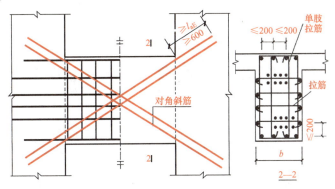

图4.14 连梁集中对角斜筋配筋构造

(8)跨高比不小于5的连梁,按框架梁设计时(代号为LLk××),采用平面注写方式,注写规则同框架梁可采用适当比例单独绘制,也可与剪力墙平法施工图合并绘制。

(9)当设置双连梁、多连梁时,应分别表达在剪力墙平法施工图上。墙梁侧面纵筋的配置,当墙身水平分布钢筋满足连梁和暗梁侧面纵向构造钢筋的要求时,该筋配置同墙身水平分布钢筋,表中不注,施工时按标准构造详图的要求即可。当墙身水平分布钢筋不满足连梁侧面纵向构造钢筋的要求时,应在表中补充注明设置的梁侧面纵筋的具体数值,纵筋沿梁高方向均匀布置;当采用平面注写方式时,梁侧面纵筋以大写字母"N"打头,梁侧面纵向钢筋在支座内锚固要求同连梁中受力钢筋。

任务4.2 截面注写方式

截面注写方式是在按标准层绘制的剪力墙平面布置图上,以直接在墙柱、墙身、墙梁上注写截面尺寸和配筋具体数值的方式来表达剪力墙平法施工图,如图4.15所示。

截面注写方式按以下规定:

(1)从相同编号的墙柱中选择一个截面,注明几何尺寸,标注全部纵筋及箍筋的具体数值。例如,图4.15中GBZ7的几何尺寸为150 mm、450 mm、250 mm、300 mm(墙厚);全部纵筋为16根直径20 mm的HRB400级钢筋,箍筋为直径10 mm的HPB300级钢筋,间距为150 mm(两个双肢箍组合而成)。

(2)从相同编号的墙身中选择一道墙身,按顺序引注的内容:墙身编号(应包括注写在括号内墙身所配置的水平与竖向分布钢筋的排数),墙厚尺寸,水平分布钢筋、竖向分布钢筋和拉筋的具体数值。例如,图4.15中Q2的引注内容:墙身编号Q2(分布钢筋的排数为2排,可省略不写);墙厚为250 mm;水平分布钢筋与竖向分布钢筋均为直径10 mm的HRB400级钢筋,间距为200 mm;拉筋为直径6 mm的HPB300级钢筋,间距为600 mm,矩形布置。

(3)从相同编号的墙梁中选择一根墙梁,按顺序引注的内容:墙梁编号,墙梁截面尺寸$b×h$,墙梁箍筋、上部纵筋、下部纵筋和墙梁顶面标高高差的具体数值。例如,图4.15中LL5的引注内容:墙梁编号LL6;墙梁截面尺寸,2层300 mm×2 970 mm,3层300 mm×2 670 mm等;

箍筋为直径 10 mm 的 HPB300 级钢筋,间距为 100 mm,双肢箍;上部、下部纵筋均为 6 根直径 22 mm 的 HRB400 级钢筋,分上下两排;墙梁顶面标高相对于本楼层高 0.8 m。

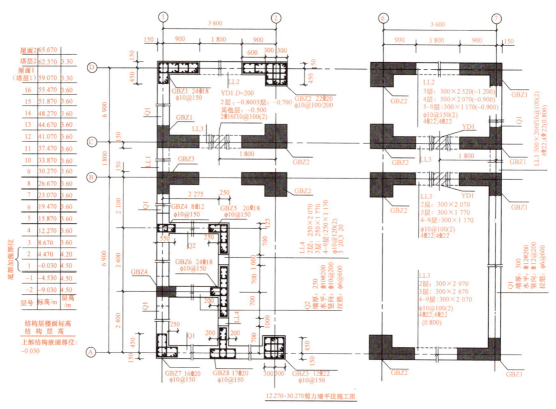

图 4.15　12.270～30.270 剪力墙平法施工图

> **特别提示**
>
> 当连梁设有对角暗撑、交叉斜筋或对角斜筋时,其注写规定同列表注写方式。

任务 4.3　剪力墙洞口的表示方法

无论是采用列表注写方式还是采用截面注写方式,剪力墙上的洞口均可在剪力墙平面布置图上原位表达,如图 4.15、图 4.16 中的 YD1 所示。

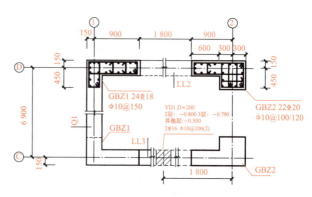

图 4.16　剪力墙平法施工图(局部)

> **特别提示**
>
> 这里所说的"洞口"是指剪力墙身上开的小洞,它不是指众多的门窗洞口。在剪力墙结构中门窗洞口左右有墙柱、上下有连梁,已经得到了加强。剪力墙洞口钢筋种类包括补强钢筋或补强暗梁纵向钢筋、箍筋。

洞口的具体表达方法如下:

(1)在剪力墙平面布置图上绘制洞口示意图,并标注洞口中心的平面定位尺寸,如图4.16中YD1中心距②轴线1.8 m。

(2)在洞口中心位置引注洞口编号、洞口几何尺寸、洞口所在层及洞口中心相对标高、洞口每边补强钢筋。

1)洞口编号:矩形洞口为JD××(××为序号),如JD1、JD2等;圆形洞口为YD××(××为序号),如YD1、YD2等。

2)洞口几何尺寸:矩形洞口为洞宽×洞高($b \times h$);圆形洞口为洞口直径D,如图4.16中的YD1,洞口直径D为200 mm。

3)洞口所在层及洞口中心相对标高,相对标高是指相对于结构层楼(地)面标高的洞口中心高度。当其高于结构层楼面时为正值,低于结构层楼面时为负值。如图4.16中YD1相对于2层结构层楼面低0.8 m,相对于3层结构层楼面低0.7 m等。

4)洞口每边补强钢筋,应根据洞口尺寸和位置来确定。

> **知识链接**

1. 矩形洞口构造

(1)当矩形洞口的洞宽和洞高均不大于800 mm时,此项注写为洞口每边补强钢筋的具体数值。当洞宽、洞高方向补强钢筋不一致时,应分别注写洞宽方向、洞高方向补强钢筋,以"/"分隔。

例如,JD2 600×300 3层:+3.100 3⊈20/3⊈18,表示2号矩形洞口,洞宽为600 mm,洞高为300 mm,洞口中心距3层楼面3.1 m,洞宽方向补强钢筋为3⊈20,洞高方向补强钢筋为3⊈18,如图4.17所示。

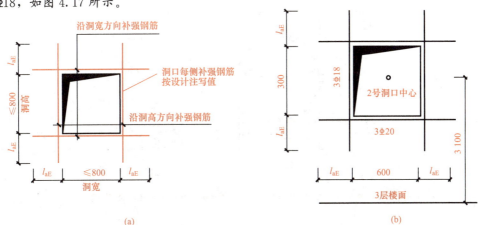

(a)

(b)

图4.17 矩形洞口构造示意图(一)

(a)矩形洞宽和洞高均不大于800 mm时洞口补强纵筋构造;(b)JD2补强钢筋构造示意图

(2)当矩形洞口的洞宽和洞高均大于 800 mm 时,在洞口的上、下需设置补强暗梁,此项注写为洞口上、下每边暗梁的纵筋与箍筋的具体数值(在标准构造详图中,补强暗梁梁高一律定为 400 mm,施工时按标准构造详图取值,设计不注;当设计者采用与该构造详图不同的做法时,应另行注明)。

例如,JD3 1 200×1 100 2～5 层:+1.800 6Φ18 Φ8@100,表示 2～5 层设置 3 号矩形洞口,洞宽为 1 200 mm,洞高为 1 100 mm,洞口中心距结构层楼面 1.8 m,洞口上下设补强暗梁,每边暗梁纵筋为 6Φ18,箍筋为 Φ8@100,如图 4.18 所示。

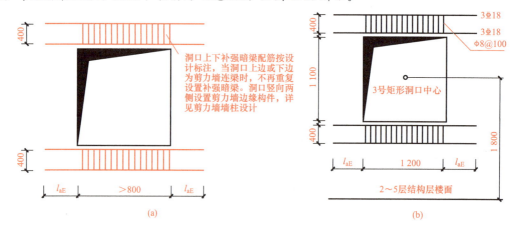

图 4.18 矩形洞口构造示意图(二)

(a)矩形洞口洞宽和洞高均大于 800 mm 时洞口补强暗梁构造;
(b)JD3 补强暗梁构造示意图

2. 圆形洞口构造

(1)当圆形洞口直径大于 800 mm 时,在洞口的上、下需设置补强暗梁,此项注写为洞口上、下每边暗梁的纵筋与箍筋的具体数值(在标准构造详图中,补强暗梁梁高一律定为 400 mm,施工时按标准构造详图取值,设计不注;当设计者采用与该构造详图不同的做法时,应另行注明)。圆形洞口需注明环向加强钢筋的具体数值,如图 4.19 所示。

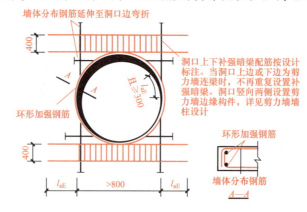

图 4.19 剪力墙圆形洞口直径大于 800 mm 时补强纵筋构造

例如,YD4 1 200 2～6 层:+1.800 6Φ18 Φ8@100 2Φ16,表示 2～6 层设置 4 号圆形

洞口,直径为 1 200 mm,洞口中心距结构层楼面 1.8 m,洞口上下设补强暗梁,每边暗梁纵筋为 6⊈18 ,箍筋为 Φ8@100,环向加强钢筋为 2⊈16。

(2)当圆形洞口设置在连梁中部 1/3 范围(且洞口直径不应大于 1/3 梁高)时,需注写在洞口上下水平设置的每边补强纵筋与箍筋,如图 4.20 所示。

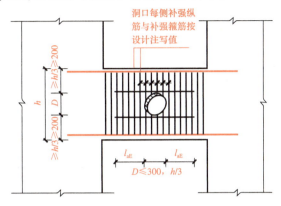

图 4.20 连梁中部圆形洞口补强钢筋构造
注:圆形洞口预埋钢套管。

(3)当圆形洞口设置在墙身位置,且洞口直径不大于 300 mm 时,此项注写为洞口上下左右每边布置的补强纵筋的具体数值,如图 4.21 所示。

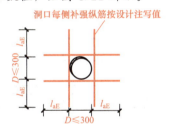

图 4.21 剪力墙圆形洞口直径不大于 300 mm 时补强纵筋构造

(4)当圆形洞口直径大于 300 mm,但不大于 800 mm 时,此项注写为洞口上下左右每边布置的补强纵筋的具体数值,以及环形加强钢筋的具体数值,如图 4.22 所示。

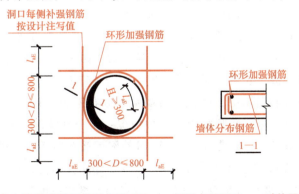

图 4.22 剪力墙圆形洞口直径大于 300 mm 但不大于 800 mm 时补强纵筋构造

任务 4.4 案　　例

4.4.1 标准构造详图

4.4.1.1 剪力墙身钢筋构造

1. 剪力墙水平分布钢筋构造

剪力墙水平方向分布筋识读

剪力墙水平分布钢筋构造包括直形墙端部暗柱中构造和端柱中构造两种情况。暗柱和端柱构造又各分为三种，如图 4.23 所示。

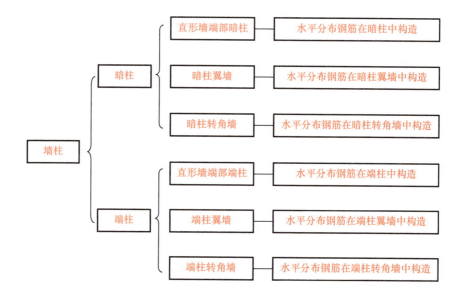

图 4.23　剪力墙水平分布钢筋在墙柱中的构造分类

(1)剪力墙水平分布钢筋在暗柱中锚固构造，如图 4.24 所示。

1)水平分布钢筋在直形墙端部暗柱中构造。水平分布钢筋伸至直形墙端部弯锚 $10d$，即单根钢筋长度＝墙长－保护层厚度×2＋2×$10d$。

2)水平分布钢筋在翼墙中构造。直形墙部分内外侧钢筋在 T 形节点区域内贯通设置，T 形部分墙两侧钢筋均伸至墙对边(外侧)且弯锚 $15d$。如图 4.24(a)中的内墙单根水平分布钢筋的长度＝内墙外边线总长度－保护层厚度×2＋2×$15d$。

3)水平分布钢筋在转角墙中构造。剪力墙水平分布钢筋在转角墙中的构造，内侧钢筋延伸至墙体外侧，弯锚 $15d$；外侧钢筋有三种情况：第一种情况是外侧钢筋在转角区域内搭接，每边 $0.8l_{aE}$；第二种情况是当 $A_{s1}=A_{s2}$ 时外侧钢筋在转角区域外两侧搭接(上下两排水平分布钢筋交错搭接)，搭接长度≥$1.2l_{aE}$；第三种情况是当 $A_{s1}≤A_{s2}$ 时外侧钢筋在转角区域外同一侧搭接(上下两排水平分布钢筋交错搭接)，搭接长度≥$1.2l_{aE}$ 两个搭接区错开距离≥500 mm，如图 4.24 所示。

(2)剪力墙水平分布钢筋在端柱中锚固构造，如图 4.25 所示。

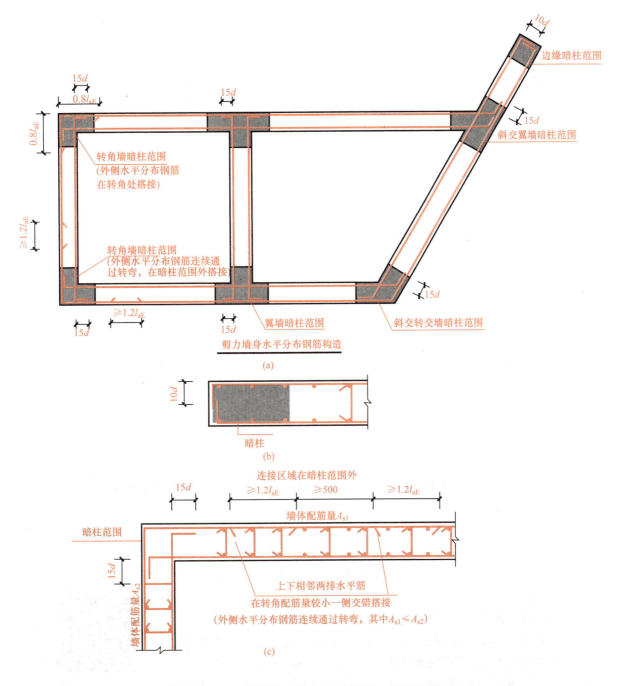

图 4.24 剪力墙水平分布钢筋在暗柱中锚固构造

剪力墙水平分布钢筋无论是伸入端柱端部墙，还是伸入端柱转角墙、端柱翼墙，剪力墙两侧的水平分布钢筋均伸至端柱外侧，且弯锚 $15d$。

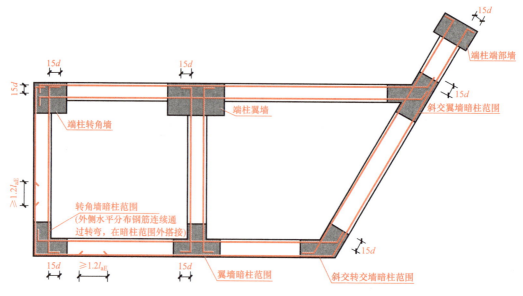

图 4.25 剪力墙柱钢筋构造

> **特别提示**
>
> 当墙体水平分布钢筋伸入端柱的直锚长度≥l_{aE}时,可不必上下弯折,但必须伸至端柱对边竖向钢筋内侧位置。其他情况,墙体水平分布钢筋必须伸入端柱对边竖向钢筋内侧位置,然后弯折。

> **知识链接**

水平分布钢筋的长度和根数计算简单归纳如下(实际计算时,需要根据工程实际适当调整):

①长度=墙体净长度+锚固长度=墙长-2×墙体保护层厚度+左锚固长度+右锚固长度。

②根数:基础高度满足直锚,其单侧根数=$\max[2,(l_{aE}-100)/500+1]$;基础高度不满足直锚,其单侧根数=$\max[2,(h_j-100-基础保护层厚度)/500+1]$;各楼层单侧根数=(层高-50)/间距+1(注意:水平分布钢筋起步距离楼面 50 mm)。

2. 剪力墙竖向分布钢筋构造

(1)墙插筋在基础中锚固构造,如图 4.26 所示。

1)当墙插筋保护层厚度>$5d$,基础高度满足直锚时,墙插筋"隔二下一"伸至基础底板,支在底板钢筋网上,再做弯锚 $\max(6d,150)$。

2)当墙插筋保护层厚度>$5d$,基础高度不满足直锚时,墙插筋插至基础底板,支在底板钢筋网上,再做弯锚 $15d$。

剪力墙竖向分布筋识读

3)当墙插筋保护层厚度≤$5d$时,墙外侧插筋插至基础底板,支在底板钢筋网上,再做弯锚。基础高度满足直锚时,弯锚长度为 $\max(6d,150)$,基础高度不满足直锚时,弯锚长度为 $15d$。

4)墙插筋锚固区内正常情况下均要设置横向钢筋,即设置间距≤500 mm 且不少于两道水平分布钢筋与拉筋。但当墙外侧插筋保护层厚度≤$5d$时,墙外侧锚固区横向钢筋应满足直径≥$d/4$（d 为插筋最大直径），间距≤$10d$（d 为插筋最小直径）且≤100 mm 的要求。

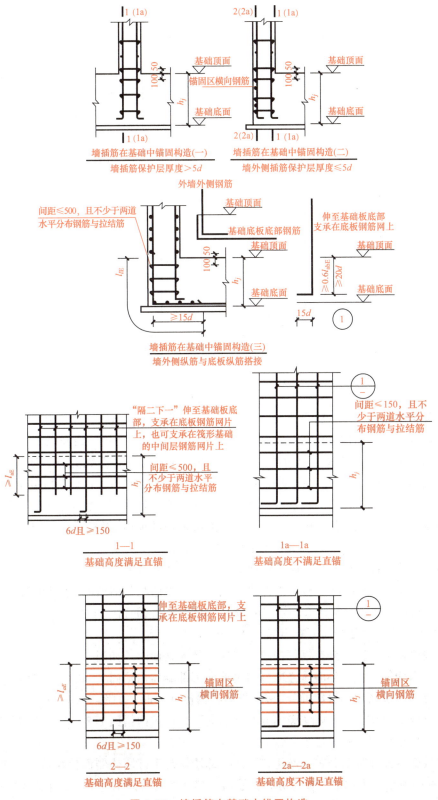

图 4.26 墙插筋在基础中锚固构造

(2)剪力墙竖向分布钢筋连接构造,如图4.27所示。

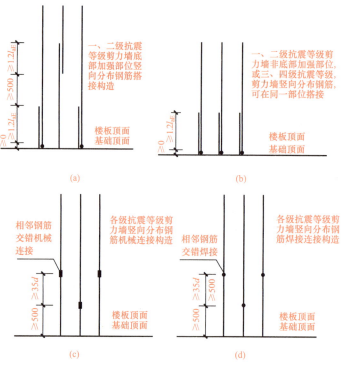

图 4.27 剪力墙竖向分布钢筋连接构造

1)钢筋搭接连接。当抗震等级为一、二级,剪力墙底部需要加强时,则采用图 4.27(a) 所示的连接方式,钢筋搭接长度≥$1.2l_{aE}$,相邻两根钢筋错开搭接,错开距离≥500 mm。

当抗震等级为一、二级,剪力墙底部不需要加强,或抗震等级为三、四级剪力墙时,竖向分布钢筋可在同一部位搭接,则采用图 4.27(b)所示的连接方式,钢筋搭接长度≥$1.2l_{aE}$。

2)钢筋机械连接。对各级抗震等级剪力墙竖向分布钢筋采用机械连接(如套筒连接)时,则采用图 4.27(c)所示的连接方式,第一个连接点距基础顶面(楼板顶面)≥500 mm,相邻两个连接点之间的距离≥$35d$,相邻两根钢筋错开连接。

3)钢筋焊接连接。对各级抗震等级剪力墙竖向分布钢筋采用焊接连接(如电渣压力焊连接)时,则采用图 4.27(d)所示的连接方式,第一个连接点距基础顶面(楼板顶面)≥500 mm,相邻两个连接点之间的距离≥$35d$ 且≥500 mm,相邻两根钢筋错开连接。

(3)剪力墙变截面处竖向分布钢筋构造如图 4.28 所示。

1)外墙变截面处竖向分布钢筋构造。当墙体外侧共面时,如图 4.28(a)所示,外侧钢筋连通设置,内侧钢筋:上部墙体竖向分布钢筋向下部墙体内锚固 $1.2l_{aE}$,下部墙体竖向分布钢筋向上延伸至板顶,然后弯折≥$12d$。当墙体内侧共面时,如图 4.28(d)所示,内侧钢筋连通设置,外侧钢筋:上部墙体竖向分布钢筋向下部墙体内锚固 $1.2l_{aE}$,下部墙体竖向分布钢筋向上延伸至板顶,然后弯折≥$12d$。

2)内墙变截面处竖向分布钢筋构造。当上部墙体与下部墙体侧面偏移量 $\Delta>30$ mm 时,如图 4.28(b)所示,上部墙体竖向分布钢筋向下部墙体内锚固 $1.2l_{aE}$,下部墙体竖向分布钢筋向上延伸至板顶,然后弯折≥$12d$。当上部墙体与下部墙体侧面偏移量 $\Delta\leq30$ mm 时,如

图 4.28(c)所示，则墙体内的竖向分布钢筋在楼板节点处连续弯折布置。

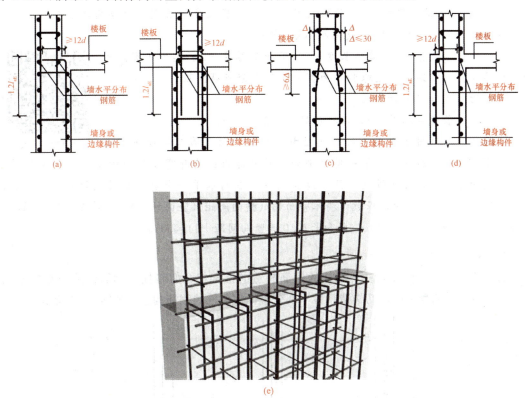

图 4.28 剪力墙变截面处竖向分布钢筋构造

(4)剪力墙竖向分布钢筋顶部构造如图 4.29 所示。

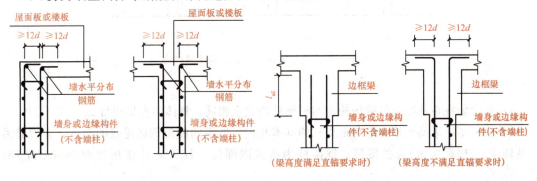

图 4.29 剪力墙竖向分布钢筋顶部构造

无论剪力墙是内墙还是外墙，竖向分布钢筋延伸至墙顶部的屋面板或楼板内时，均弯锚$\geqslant 12d$；当顶部设有边框梁时，则从梁底向梁内延伸 l_{aE}（当梁高度不满足直锚要求时，仍需延伸至墙顶部弯锚 $12d$）。

知识链接

竖向分布钢筋的长度和根数计算简单归纳如下（实际计算时，需要根据工程实际适当调整）：

①长度。基础插筋长度＝弯折长度＋基础内竖向锚固长度＋上层搭接长度＝弯折长度＋(h_j－基础保护层厚度)＋上层搭接长度；中间层长度＝层高＋上层搭接长度；顶层长度＝层高－保护层厚度＋12d(或锚入 BKL 内 l_{aE})。

②根数。单侧根数＝(墙净长度＋2×保护层厚度－2×起步距离)/间距＋1(注意：起步距离距边缘构件为剪力墙竖向分布筋间距)。

拉筋的长度和根数计算：

①长度。长度＝墙厚－2×保护层厚度＋2×6.9d。

②根数。拉筋排布规则：层高范围由底部板顶向上第二排分布筋处开始设置，至顶部板底向下第一排水平分布筋处终止；墙身宽度范围由距边缘构件边第一排墙身竖向分布筋处开始设置，位于边缘构件范围的水平分布筋也应设置拉筋。其根数简化计算如下：矩形布置时，根数＝墙体净面积/(横向间距×竖向间距)；梅花布置时，根数＝(横向长度/0.5 横向间距＋1)×(竖向长度/0.5 竖向间距＋1)×50%。

4.4.1.2 剪力墙柱钢筋构造

剪力墙柱包括端柱和暗柱。端柱的钢筋构造同框架柱；但暗柱的钢筋构造与端柱不同，一部分遵循剪力墙身竖向钢筋构造，另一部分遵循框架柱的钢筋构造，如图 4.30 所示。

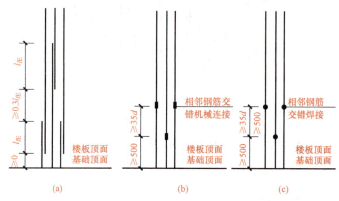

图 4.30 剪力墙边缘构件纵向钢筋连接构造
(a)绑扎搭接；(b)机械连接；(c)焊接

(1)剪力墙柱在基础内的锚固构造与框架柱的完全相同，具体内容见项目 2。

(2)剪力墙柱纵筋连接构造与框架柱的基本相同，所不同的是钢筋连接的起点：剪力墙为从基础顶面(楼板顶面)直接搭接；框架柱为从嵌固部位≥$H_n/3$，从楼板顶面≥max($H_n/6$, h_c, 500)。

(3)剪力墙端柱的顶部钢筋构造同框架柱构造，暗柱的顶部钢筋构造同剪力墙身竖向钢筋构造。

> **知识链接**

暗柱内纵筋和箍筋的长度和根数的计算简单归纳如下：

①纵筋长度：基础插筋长度＝弯折长度＋基础内竖向锚固长度＋上层搭接长度＝弯折长度＋(h_j－基础保护层厚度)＋上层搭接长度；中间层长度＝层高＋上层搭接长度；顶层

长度＝层高－保护层厚度＋12d（或锚入 BKL 内 l_{aE}）。

②箍筋计算：长度计算同框架柱箍筋。

根数：基础层根数＝max[2,（h_j－100－基础保护层厚度）/500＋1]。各楼层根数，当为机械连接（焊接连接）时，根数＝(层高－50)/间距＋1；当为绑扎搭接时，根数＝绑扎区域加密箍筋根数＋非加密区箍筋根数，其中，绑扎区域加密箍筋根数＝$2l_{lE}$/min(5d,100)＋1，非加密区箍筋根数＝(层高－50－$2.3l_{lE}$)/间距＋$0.3l_{lE}$/间距。

注意：当采用绑扎搭接时，搭接长度范围内箍筋应加密，箍筋间距不大于纵向搭接钢筋最小直径的5倍，且不大于100 mm。

4.4.1.3 剪力墙梁钢筋构造

1. 剪力墙暗梁钢筋构造

剪力墙暗梁的钢筋种类包括纵向钢筋、箍筋、拉筋和暗梁侧面的水平分布钢筋。

(1)暗梁的纵向钢筋。暗梁是剪力墙的一部分，暗梁纵筋是布置在剪力墙身上的水平钢筋，暗梁端部伸至边柱柱的节点做法同框架结构。

1)暗梁纵筋在暗柱中的构造。剪力墙暗梁纵筋在端部暗柱中构造，即暗梁纵筋伸至暗柱端部纵筋的内侧，然后弯锚10d；剪力墙暗梁纵筋在翼墙柱中构造，即暗梁纵筋伸至翼墙对边，顶到暗柱外侧纵筋的内侧后弯锚15d。

2)暗梁纵筋在端柱中的构造。暗梁纵筋伸至端柱外侧纵筋内侧后弯锚15d，当伸至对边长度≥l_{aE}时，可不设弯钩。

(2)暗梁的箍筋。暗梁的箍筋沿墙肢方向全长布置，而且是均匀布置，不存在箍筋加密区和非加密区。

1)暗梁箍筋外边线宽度。

暗梁箍筋外边线宽度＝墙厚－2×墙保护层厚度－2×水平钢筋直径

> **特别提示**
>
> 框架梁箍筋外边线宽度＝梁宽－2×梁保护层厚度；框架梁的保护层是针对梁箍筋，而暗梁的保护层(和墙身一样)是针对水平分布钢筋的。

2)暗梁箍筋高度。

暗梁箍筋外边线高度＝暗梁标注高度－2×保护层厚度

3)暗梁箍筋根数。暗梁的箍筋是在两端暗柱之间进行布置，其第一根箍筋可取距暗柱边缘50 mm处开始布置，其根数＝(暗柱间净长度－2×50)/箍筋间距＋1。

(3)暗梁的拉筋。暗梁拉筋的直径和间距在图纸上不作标注，可从图集中直接查阅，即拉筋的直径：当梁宽≤350 mm时为6 mm，梁宽＞350 mm时为8 mm，拉筋的间距为箍筋间距的2倍，竖向沿侧面水平分布钢筋隔一拉一。

(4)暗梁侧面的水平分布钢筋。暗梁侧面构造钢筋，当设计未注写时，按剪力墙水平分布钢筋布置，墙身水平分布钢筋按其间距在暗梁箍筋的外侧布置，在暗梁上部纵筋和下部纵筋的位置上不需要布置水平分布钢筋。

剪力墙连梁钢筋构造识读

2. 剪力墙连梁钢筋构造

剪力墙连梁 LL 的钢筋种类包括纵向钢筋、箍筋、拉筋和墙身水平钢筋，如图 4.11、图 4.31 所示。

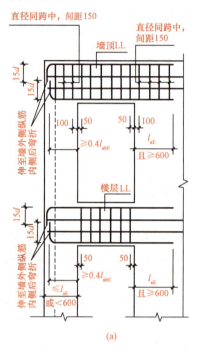
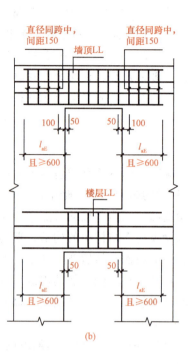
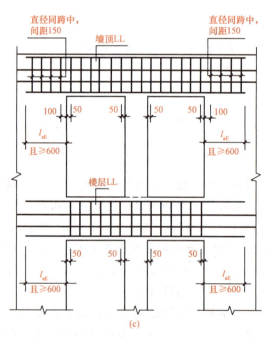

图 4.31 连梁配筋构造
(a)小墙垛处洞口连梁(端部墙肢较短)；(b)单洞口连梁(单跨)；
(c)双洞口连梁(双跨)

(1)连梁的纵向钢筋。连梁以暗柱或端柱为支座,连梁主筋锚固起点应当从暗柱或端柱的边缘算起。当端部洞口连梁的纵向钢筋在端支座(暗柱或端柱)的直锚长度为l_{aE}且≥600 mm时,可不必弯锚;当连梁端部暗柱或端柱的长度<l_{aE}或<600 mm时,需要弯锚,连梁主筋伸至暗柱或端柱外侧纵筋的内侧后弯锚$15d$。

(2)剪力墙水平分布钢筋与连梁的关系。

1)剪力墙水平分布钢筋从暗梁的外侧通过连梁。

2)洞口范围内的连梁箍筋详见具体工程设计。

3)连梁侧面的构造纵筋,当设计未标注时,即为剪力墙的水平分布钢筋。

(3)连梁的箍筋。

1)楼层连梁的箍筋仅在洞口范围内布置,第一根箍筋距支座边缘50 mm。

2)顶层连梁的箍筋在梁全长范围内设置,洞口范围内的第一根箍筋距支座边缘50 mm;支座范围内的第一根箍筋距支座边缘100 mm;支座范围内箍筋的间距为150 mm(设计时不注)。

(4)连梁内的拉筋设置要求同暗梁内的拉筋设置。连梁LLk的钢筋种类包括纵向贯通筋、非贯通钢筋、架立筋、箍筋、拉筋和墙身水平钢筋,如图4.32所示。

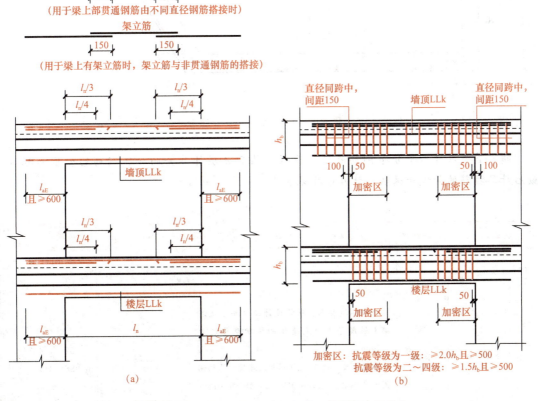

图4.32 剪力墙连梁LLk纵向钢筋、箍筋加密区构造
(a)连梁LLk纵向配筋构造;(b)连梁LLk箍筋加密区范围

4.4.2 案例详解

某剪力墙平面示意图如图 4.33 所示,试计算内墙 Q2 钢筋工程量。已知:该建筑物为两层,基础垫层为 C25 混凝土垫层,厚度为 100 mm,基础高度为 800 mm,基础底板钢筋为直径 20 mm 的 HRB400 级钢筋,基础顶面标高为 −1.050 m,一层地面结构标高为 −0.050 m,一层墙顶标高为 4.450 m,二层墙顶标高为 8.050 m。剪力墙、基础混凝土强度等级为 C30,现浇板厚为 100 mm,环境类别为一类,混凝土结构设计工作年限为 50 年,抗震等级为三级,竖向钢筋连接采用绑扎搭接方式。

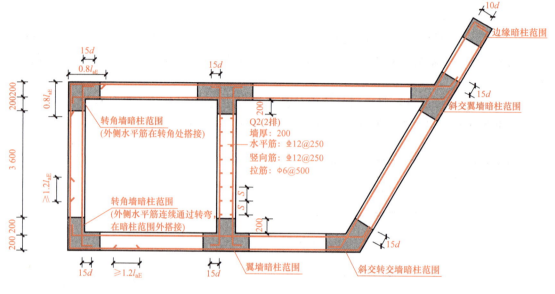

图 4.33 剪力墙平面示意图

解:首先计算水平分布钢筋长度和根数,然后分层计算竖向分布钢筋的长度和根数,最后计算拉筋的长度和根数。计算过程见表 4.3。

表 4.3 剪力墙 Q2 钢筋计算过程

钢筋名称	计算内容	计算公式	长度/m 或根数	质量/kg
水平分布钢筋	长度	根据环境类别、结构设计工作年限及混凝土强度等级确定墙体的保护层厚度为 15 mm。 单根长度=墙长−2×保护层厚度+两端锚固长度=4.4−2×0.015+2×15×0.012=4.73(m)	4.73	82×4.73×0.888=344

续表

钢筋名称	计算内容	计算公式	长度/m 或根数	质量/kg
水平分布钢筋	根数	基础内： $l_{aE}=37d=37\times12=444(mm)$ $h_j-c=800-40=760>444(mm)$ 基础高度满足直锚 根数 $=\max[2,(444-100)/500+1]=2$ 一层： 根数 $=(层高-50)/间距+1=(5\,500-50)/250+1=23$ 二层： 根数 $=(3\,600-50)/250+1=16$ 总根数 $=(2+23+16)\times2=82$	82	$82\times4.73\times0.888=344$
竖向分布钢筋	长度	参见图 4.27 中 1—1 断面： 基础插筋：伸至基础底板钢筋网片上插筋长度 $=$ 弯折长 $+h_j-$ 基础保护层厚度 $+1.2l_{aE}=0.15+0.8-0.04+1.2\times0.444=1.44(m)$ 未伸至基础底板钢筋网片上插筋长度 $=l_{aE}+1.2l_{aE}=2.2\times0.444=0.98(m)$ 一层：长度 $=$ 层高 $+$ 上层搭接 $=5.5+1.2\times0.444=6.03(m)$ 二层：长度 $=$ 层高 $-$ 保护层厚度 $+12d=3.6-0.015+12\times0.012=3.73(m)$	伸至基础底板筋长 11.2 未伸至基础底板筋长 10.74	$10\times11.2\times0.888+18\times10.74\times0.888=271$
	根数	根数 $=$（墙净长 $+2\times c-2\times$ 间距）/间距 $+1=(3.6+2\times0.015-2\times0.25)/0.25+1=14$，按照插筋"隔二下一"伸至基础底板原则，伸至基础底板钢筋为 5，未伸至基础底板钢筋根数为 9。 伸至基础底板钢筋总根数 $=$ 单侧根数 $\times$ 排数 $=5\times2=10$ 未伸至基础底板钢筋总根数 $=9\times2=18$	10(18)	
拉筋	长度	长度 $=$ 墙厚 $-2\times$ 保护层厚度 $+2\times(6.9d)=0.2-2\times0.015+2\times6.9\times0.006=0.25(m)$	0.25	
	根数	矩形拉筋： 根数 $=$ 墙净面积/（横向间距 $\times$ 竖向间距） 基础层：横向根数 $=(3.6+2\times0.015-2\times0.25)/0.5+1=8$，竖向共两道水平筋，故拉筋设 2 道，基础层共 $8\times2=16$ 一层：根数 $=3.6\times5.5/(0.5\times0.5)=80$ 二层：根数 $=3.6\times3.6/(0.5\times0.5)=52$ 总根数 $=16+80+52=148$	148	$0.25\times148\times0.222=8$
合计		直径 12 mm 的分布钢筋（HRB400 级钢筋）质量为 615 kg，直径 6 mm 的拉筋（HPB300 级钢筋）质量为 8 kg		

学习启示

党的二十大报告指出,加快建设国家战略人才力量,努力培养造就更多大师、战略科学家、一流科技领军人才和创新团队、青年科技人才、卓越工程师、大国工匠、高技能人才。95后工匠邹彬,从砌墙工成长为世界技能大赛获奖者,他说"选择这份职业,就要做到最好"。技能学无止境,每份职业都很光荣。通过大国工匠、创新人才的案例分析,激发学生的创新意识和担当精神,增强职业认同感,培养学生在平凡岗位上坚守工匠精神,一丝不苟,磨出精湛技艺,实现自我价值。

项目小结

通过本项目的学习,要求掌握以下内容:

1. 剪力墙结构施工图中列表注写方式与截面注写方式所表达的内容。
2. 剪力墙柱(构造边缘柱和约束边缘柱)标准构造详图中基础插筋、楼层连接区及顶层连接区的构造要求、箍筋的构造规定、各种钢筋长度的计算。
3. 剪力墙身标准构造详图中基础插筋的构造;竖向分布钢筋与基础插筋、楼层及顶层的连接构造;水平分布钢筋与墙柱的连接构造;墙身拉筋(矩形布置、梅花布置)的构造要求及各种钢筋长度的计算。
4. 剪力墙梁(连梁、暗梁及边框梁)标准构造详图中纵筋两端在端柱内的锚固要求、箍筋的布置范围及各种钢筋长度的计算。

习 题

某工程基础、墙、柱、梁的结构平面布置图如图4.34所示,构件混凝土强度等级为C30,环境类别为一类,混凝土结构设计工作年限为50年,抗震等级为三级,基础垫层混凝土强度等级为C25,竖向钢筋连接采用绑扎搭接方式,试计算⑦轴与㉛~㉛轴之间混凝土墙Q2的钢筋工程量及㉛轴与Ⓒ~Ⓓ轴之间LL1的钢筋工程量。

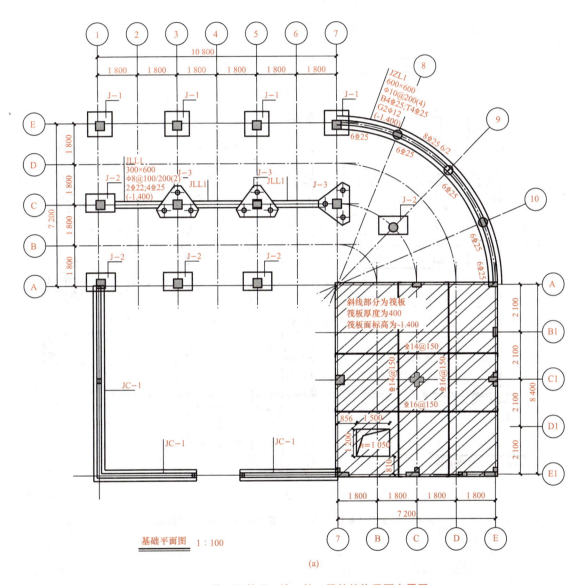

图 4.34 某工程基础、墙、柱、梁的结构平面布置图

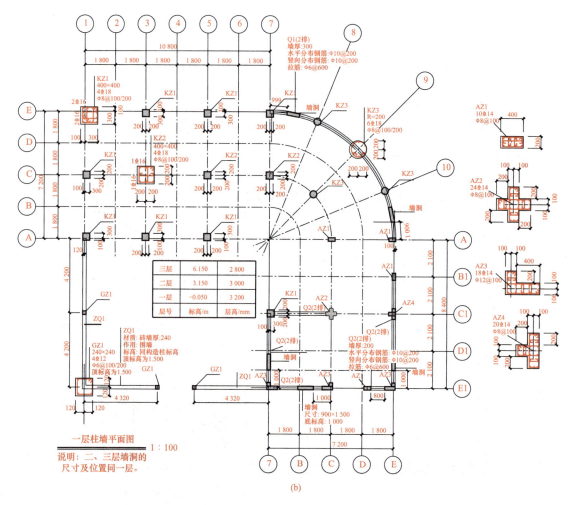

(b)

图 4.34　某工程基础、墙、柱、梁的结构平面布置图(续)

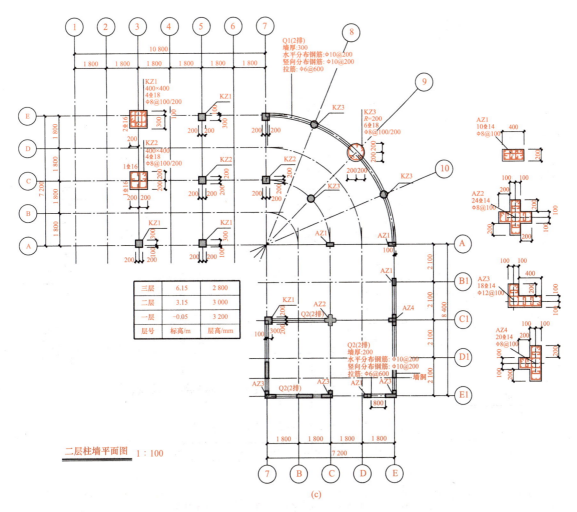

图 4.34 某工程基础、墙、柱、梁的结构平面布置图(续)

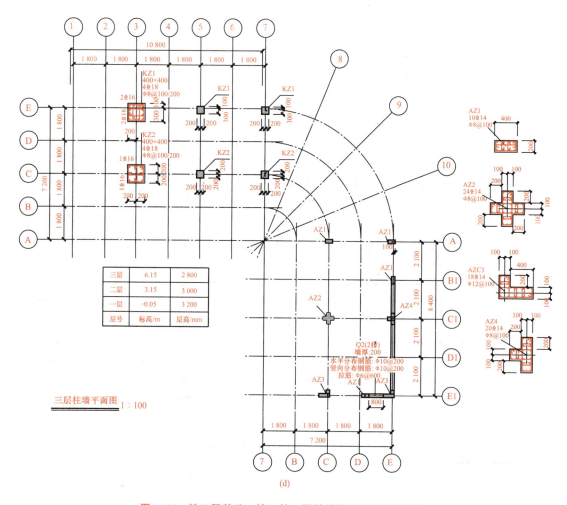

图 4.34 某工程基础、墙、柱、梁的结构平面布置图(续)

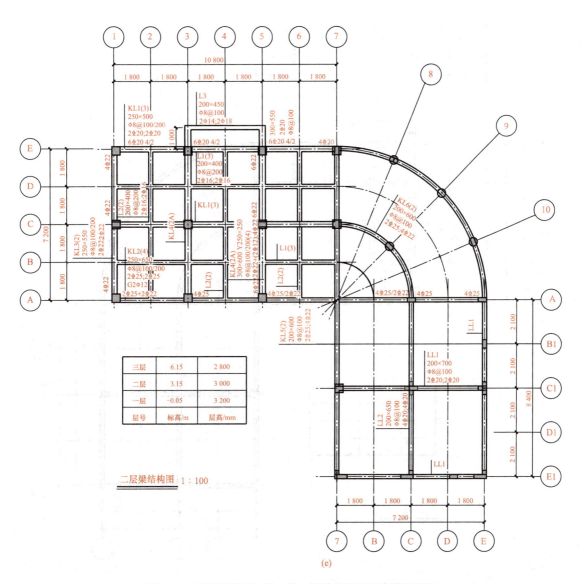

图 4.34 某工程基础、墙、柱、梁的结构平面布置图(续)

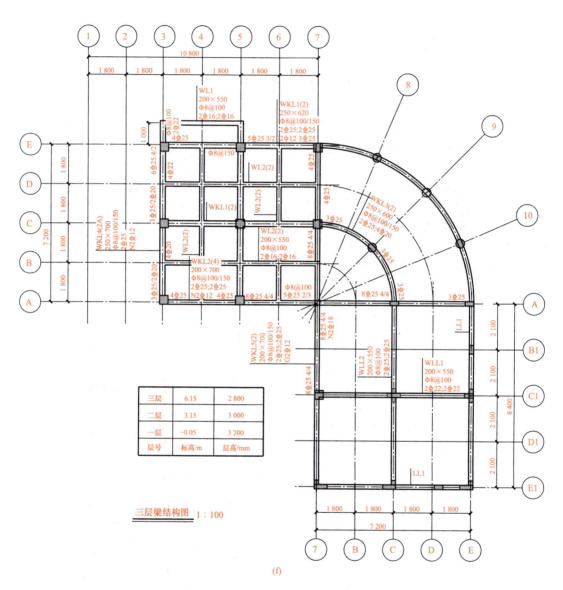

(f)

图 4.34 某工程基础、墙、柱、梁的结构平面布置图(续)

项目 5 板平法识图与钢筋计算

教学目标

通过本项目的学习，进一步熟悉 22G101 图集的相关内容；掌握有梁楼盖板结构施工图中平面注写方式所表达的内容；掌握无梁楼盖板结构施工图中平面注写方式所表达的内容；掌握有梁板标准构造详图中上部贯通纵筋、下部纵筋、支座负筋、分布钢筋、温度筋等的构造要求；能够准确计算各种类型钢筋的长度。养成精细识读板施工图、精细计算板钢筋工程量的良好作风，精研细磨板构造，培养学生一丝不苟的工匠精神和劳动风尚，凸显"精细意识""责任意识"。

教学要求

能力目标	知识要点	相关知识	权重
能够熟练地应用有梁楼盖板和无梁楼盖板的平法制图规则及钢筋构造详图知识识读板的平法施工图	集中标注、原位标注、锚固长度、搭接长度	钢筋种类、混凝土强度等级、抗震等级、受拉钢筋基本锚固长度、环境类别、施工图的阅读等	0.7
能够熟练地计算板各种类型钢筋的长度	构件净长度、锚固长度、搭接长度、钢筋保护层、钢筋弯钩增加值	与钢筋计算相关的消耗量定额规定、施工图的阅读、钢筋的线密度等	0.3

引 例

某有梁板平面注写方法示例如图 5.1 所示，混凝土强度等级为 C30，环境类别为一类，混凝土结构设计工作年限为 50 年，抗震等级为三级，在阅读该有梁板的平法施工图时，集中标注和支座原位标注包含哪些内容？有梁板的底部纵筋、上部贯通纵筋和支座负筋如何布置？计算钢筋长度时应考虑哪些因素？温度钢筋、分布钢筋如何计算？这些正是本项目要重点研究的问题。

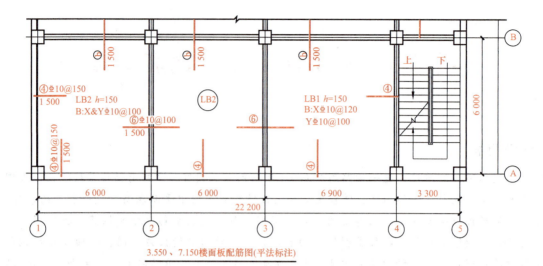

3.550、7.150楼面板配筋图(平法标注)

图 5.1 有梁板平面注写方法示例

任务 5.1 有梁楼盖平法识图

有梁楼盖是指以梁为支座的楼面与屋面板。

有梁楼盖平法施工图,是在楼面板和屋面板布置图上,采用平面注写的表达方式。板平面注写主要包括板块集中标注和板支座原位标注,如图 5.1、图 5.2 所示。

5.1.1 板块集中标注

板块集中标注的内容包括板块编号、板厚、上部贯通纵筋、下部纵筋及当板面标高不同时的标高高差五项。

> **特别提示**
>
> (1)对于普通楼面,两向均以一跨为一板块。如图 5.2 中的(7,C)和(C1,E1)为一块板。
> (2)对于密肋楼盖,两向主梁(框架梁)均以一跨为一板块(非主梁密肋不计)。如图 5.2 中的(1,3)和(A,C)为一块板。图 5.2 将(1,3)和(A,C)板块、(1,3)和(C,E)板块合并为一个大的板块进行配筋设计。
> (3)所有板块应逐一编号,相同编号的板块可择其一作集中标注,其他仅注写置于圆圈内的板编号,以及当板面标高不同时的标高高差。

1. 板块编号

板块编号由板类型、代号和序号三项组成。种类型板块的编号见表 5.1。

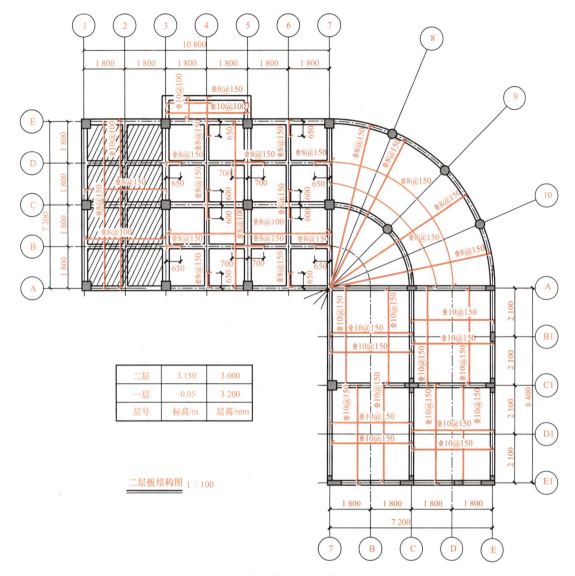

图 5.2 某综合用房二层板平法施工图

表 5.1 板块编号

板类型	代号	序号
楼面板	LB	××
屋面板	WB	××
悬挑板	XB	××

2. 板厚

(1)板厚注写为 $h=×××$，为垂直于板面的厚度。

(2)当悬挑板的端部改变截面厚度时，用斜线分隔根部与端部的高度值，注写为 $h=×××/×××$。如图 5.3 所示的板块注写为 XB2 $h=120/80$，表示 2 号悬挑板，板的根部厚度为 120 mm，板的端部厚度为 80 mm。

(3)当设计已在图注中统一注明板厚时,此项可不注。

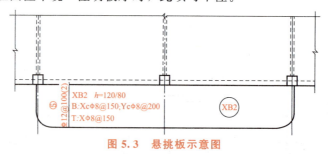

图 5.3 悬挑板示意图

3. 纵筋

纵筋按板块的下部纵筋和上部贯通纵筋分别注写,当板块上部不设贯通纵筋时则不注。

> **特别提示**
>
> (1)纵筋前以 B 代表下部纵筋,T 代表上部贯通纵筋,当上、下部纵筋相同时,以 B&T 代表下部与上部。
> (2)x 向纵筋以 X 打头,y 向纵筋以 Y 打头,两向纵筋配置相同时,则以 X&Y 打头。
> (3)当为单向板时,分布筋可不必注写,而在图中统一注明。
> (4)当在某些板内配置有构造钢筋时,则 x 向以 Xc 打头注写,y 向以 Yc 打头注写。如图 5.3 所示,板的纵筋注写为:
>
> B:Xcϕ8@150;Ycϕ8@200
> T:Xϕ8@150
>
> 表示板下部 x 向配置构造钢筋 ϕ8@150,y 向配置构造钢筋 ϕ8@200;板上部 x 向配置贯通钢筋 ϕ8@150。
> (5)当 y 向采用放射配筋时(切向为 x 向,径向为 y 向),设计者应注明配筋间距的定位尺寸。如图 5.2 中所示的⑦~Ⓐ轴扇形板,x 向(切向)为 ϕ8@150;y 向(径向)为 ϕ8@150。
> (6)当纵筋采用两种规格钢筋"隔一布一"方式时,表达为 xx/yy@×××,表示直径为 xx 的钢筋和直径为 yy 的钢筋间距相同,两者组合后的实际间距为×××。直径××的钢筋的间距为×××的 2 倍,直径 yy 的钢筋间距为×××的 2 倍。
>
> 例如,有一楼面板块注写为:
> LB5 $h=150$
> B:Xϕ10/12@100;Yϕ10@110
>
> 表示 5 号楼面板,板厚 150 mm,板下配置的纵筋 X 向为 ϕ10、ϕ12 隔一布一,ϕ10 与 ϕ12 之间间距为 100 mm;Y 向为 ϕ10@110;板上部未配置贯通纵筋。

4. 板面标高高差

板面标高高差是指对于结构层楼面标高的高差,应将其注写在括号内。有高差则注,无高差则不注。

> **特别提示**
>
> 同一编号板块的类型、板厚和贯通纵筋均应相同,但板面标高、跨度、平面形状以及板支座上部非贯通纵筋可以不同,如同一编号板块的平面形状可以为矩形、多边形及其他形状。
> 对于梁板式转换层楼板,板下部纵筋在支座内的锚固跨度不应小于 l_{aE};当悬挑板需要考虑竖向地震作用时,下部纵筋伸入支座内长度不应小于 l_{aE}。

5.1.2 板支座原位标注

板支座原位标注的内容包括板支座上部非贯通纵筋和悬挑板上部受力钢筋。

1. 板支座上部非贯通纵筋的标注

板支座原位标注的钢筋，应在配置相同跨的第一跨表达（当在梁悬挑部位单独配置时，则在原位表达）。在配置相同跨的第一跨（或梁悬挑部位），垂直于板支座（梁或墙）绘制一段适宜长度的中粗实线（当该筋通长设置在悬挑板或短跨板上部时，实线段应画至对边或贯通短跨），以该线段代表支座上部非贯通纵筋，并在线段上方注写钢筋编号、配筋值、横向连续布置的跨数（注写在括号内，当为一跨时可不注），以及是否横向连续布置到梁的悬挑端，如图5.4(a)所示。

2. 板支座上部非贯通筋自支座中线向跨内的伸出长度，注写在线段的下方位置

(1)当中间支座上部非贯通纵筋向支座两侧对称伸出时，可仅在支座一侧线段下方标注伸出长度，另一侧不注，如图5.4(a)所示。

例如，图5.4(a)所示的支座非贯通筋表示：支座上②号非贯通纵筋为⌀12@120，自支座中心线向两侧跨的伸出长度均为1 800 mm。

(2)当向支座两侧非对称伸出时，应分别在支座两侧线段下方注写伸出长度，如图5.4(b)所示。

例如，图5.4(b)所示的支座非贯通筋表示：支座上部③号非贯通纵筋为⌀12@120，自支座中心线向左跨的伸出长度为1 800 mm，向右跨的伸出长度为1 400 mm。

(3)对线段画至对边贯通全跨或贯通全悬挑长度的上部通长纵筋，贯通全跨或伸出至悬挑一侧的长度值不注，只注明非贯通筋另一侧的伸出长度值，如图5.4(c)、图5.4(d)所示。

例如，图5.4(c)所示的支座非贯通筋表示：支座上部④号非贯通纵筋为⌀10@100，自支座中心线向一侧的伸出长度为1 950 mm，另一侧的伸出长度为全跨长。

(4)当板支座为弧形，支座上部非贯通纵筋呈放射状分布时，应注明配筋间距的度量位置并加注"放射分布"四字，如图5.4(e)所示。

例如，图5.4(e)所示的支座非贯通筋表示：支座上部⑦号非贯通纵筋为⌀12@150，沿距支座中心线的切线间隔300 mm布置，支座一侧的伸入长度为2 150 mm。

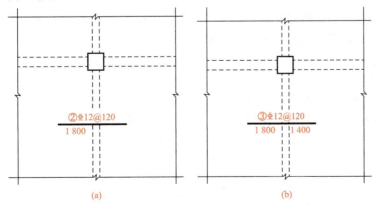

图5.4 板支座非贯通纵筋的标注
(a)板支座上部非贯通纵筋对称伸出；(b)板支座上部非贯通纵筋非对称伸出

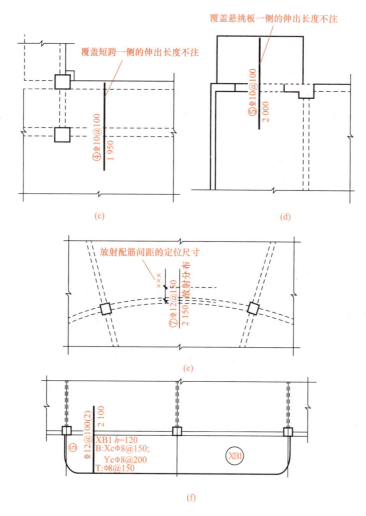

图 5.4　板支座非贯通纵筋的标注(续)
(c)板支座非贯通筋贯通全跨；(d)板支座非贯通筋伸出至悬挑端；
(e)弧形支座处放射配筋；(f)悬挑板支座非贯通筋

3. 悬挑板上部受力钢筋的标注

悬挑板上部受力钢筋的标注如图 5.4(f)所示：支座上部非贯通筋为 ⊥12@100，布置范围为 2 跨，支座一侧的伸入长度为 2 100 mm。

> **特别提示**
>
> 在板平面布置图中，不同部位的板支座上部非贯通纵筋及悬挑板上部受力钢筋，可仅在一个部位注写，对其他相同者仅需在代表钢筋的线段上注写编号及注写横向连续布置跨数即可。
> (××)为横向布置的跨数，(××A)为横向布置的跨数及一端的悬挑梁部位，(××B)为横向布置的跨数及两端的悬挑梁部位。

例如，在板平面布置图某部位，横跨支承梁绘制的对称线段上注有 ⑦⊥12@100(5A) 和 1 500，表示支座上部⑦号非贯通纵筋为 ⊥12@100，从该跨起沿支承梁连续布置 5 跨加梁一段的悬挑端,该筋自支座中线向两侧跨内的伸出长度均为 1 500 mm。在同一板平面布置图的另一部位横跨梁支座绘制的对称线段上注有⑦(2),表示该筋同⑦号纵筋,沿支承梁连续布置 2 跨,且无梁悬挑端布置。

任务 5.2　无梁楼盖平法识图

无梁楼盖板是指没有梁的楼盖板,楼板由戴帽的柱头支撑,使同高的楼层扩大净空高度,节省建材,加快施工进度,而且质地更密,抗压性更高,抗振动冲击更强,结构更合理,如图 5.5 所示。

无梁楼盖平面注写主要包括板带集中标注和板带支座原位标注两部分。

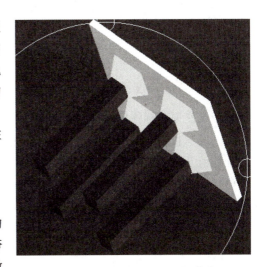

图 5.5　无梁楼盖楼面板三维示意图

5.2.1　板带集中标注

集中标注应在板带贯通纵筋配置相同跨的第一跨(x 向的左端跨为第一跨,y 向的下端跨为第一跨)注写。相同编号的板带可择其一做集中标注,其他仅注写板带编号。

板带集中标注包括板带编号、板带厚和板带宽、贯通纵筋三项内容。

1. 板带编号

板带编号包括板带类型、代号、序号、跨数及有无悬挑四项内容。各种类型板的编号见表 5.2。

表 5.2　板带编号

板带类型	代号	序号	跨数及有无悬挑
柱上板带	ZSB	××	(××)、(××A)或(××B)
跨中板带	KZB	××	(××)、(××A)或(××B)

注:1. 跨数按柱网轴线计算,两相邻柱轴线之间为一跨。
　　2. (××A)为一端有悬挑,(××B)为两端有悬挑,悬挑不计入跨数。例如,ZSB4(3B),表示 4 号柱上板带,3 跨两端悬挑。

2. 板带厚和板带宽

板带厚注写为 $h=\times\times\times$,板带宽注写为 $b=\times\times\times$。当无梁楼盖整体厚度和板带宽度已在图中注明时,此项可不注。

3. 贯通纵筋

贯通纵筋按板带下部和板带上部分别注写,并以 B 代表下部,T 代表上部,B&T 代表下部和上部。例如,某板带注写为:

$$ZSB2(5A) \ h=300 \ b=3\ 000$$
$$B\underline{\Phi}16@100;\ T\underline{\Phi}18@200$$

表示 2 号柱上板带，有 5 跨且一端有悬挑；板带厚 300 mm，板带宽 3 000 mm；板带配置贯通纵筋，下部为 $\underline{\Phi}16@100$，上部为 $\underline{\Phi}18@200$。

> **特别提示**
>
> ①当采用放射配筋时，应注明配筋间距的度量位置。
> ②当局部区域的板面标高与整体不同时，应在无梁楼盖板上注明板面标高高差及分布范围。

5.2.2 板带支座原位标注

板带支座原位标注的具体内容为板带支座上部非贯通纵筋。

以一段与板带同向的中粗实线段代表板带支座上部非贯通纵筋，在线段上注写钢筋编号、配筋值及在线段的下方注写自支座中线向两侧跨内的伸出长度。

(1)当板带支座非贯通纵筋自支座中线向两侧对称伸出时，其伸出长度可仅在一侧标注。例如，支座上板带注写为⑦$\underline{\Phi}18@250$，在线段一侧的下方注有 1 500，表示⑦号板带支座上部非贯通纵筋为直径 18 mm 的 HRB400 级钢筋，间距为 250 mm，自支座中线向两侧跨内的伸出长度均为 1 500 mm。

(2)当配置在有悬挑端的边柱上时，该筋伸出到悬挑尽端，设计不注。

(3)当支座上部非贯通纵筋呈放射分布时，应注明配筋间距的定位位置。

5.2.3 暗梁的表示方法

暗梁平面注写包括暗梁集中标注和暗梁支座原位标注两项内容。

1. 暗梁集中标注

暗梁集中标注包括暗梁编号、暗梁截面尺寸(箍筋外皮宽度×板厚)、暗梁箍筋、暗梁上部通长筋或架立筋四项内容。

(1)暗梁编号包括构件类型、代号、序号、跨数及有无悬挑，见表 5.3。

表 5.3 暗梁编号

构件类型	代号	序号	跨数及有无悬挑
暗梁	AL	××	(××)、(××A)或(××B)

注：1. 跨数按柱网轴线计算(两相邻柱轴线之间为一跨)；
2. (××A)为一端有悬挑，(××B)为两端有悬挑，悬挑不计入跨数。

(2)暗梁截面尺寸是指箍筋外皮宽度×板厚。例如：
$$\begin{array}{l} AL3(3B)\ 2\ 400\times 120 \\ \Phi 8@100/200 \\ 4\underline{\Phi}18 \end{array}$$
，表示 3 号暗梁，3 跨且两端悬挑，箍筋外皮宽度为 2 400 mm，板厚为 120 mm，箍筋为 $\Phi 8@100/200$，上部通长筋为 $4\underline{\Phi}18$。

2. 暗梁支座原位标注

暗梁支座原位标注包括梁支座上部纵筋、梁下部纵筋。

当在暗梁上集中标注的内容不适应某跨或某悬挑端时,则将其不同数值标注在该跨或该悬挑端,施工时按原位注写取值。

任务 5.3 案 例

板需要计算的钢筋按其所在位置及功能不同,可分为受力钢筋和附加钢筋两大部分,如图 5.6 所示。

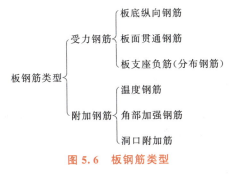

图 5.6 板钢筋类型

板钢筋下部纵筋
工程量计算

5.3.1 标准构造详图

1. 板底纵向钢筋的计算

(1)板底纵向钢筋长度计算(图 5.7)。

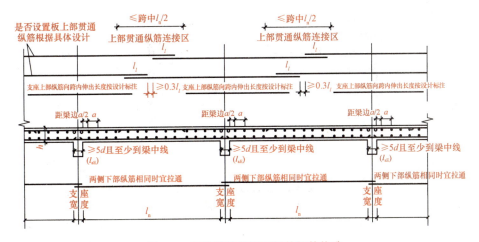

图 5.7 有梁楼盖楼屋面板的钢筋构造

板底纵向钢筋长度=板净跨长+左支座锚固+右支座锚固

特别提示

当支座为端支座时,锚固长度的确定如下:

当端支座为梁时,对普通楼屋面板锚固长度=max(5d,梁宽/2),如图5.8(a)所示。

对用于梁板式转换层的楼面板,锚固长度=支座宽-保护层厚度+15d,如图5.8(b)所示。

当端支座为剪力墙时,锚固长度=max(5d,墙厚/2),如图5.8(c)~(f)所示。

对梁板式转换层的板,板下部纵筋应满足l_{aE}要求,当直锚长度不足时,应按图5.8(g)进行弯锚。

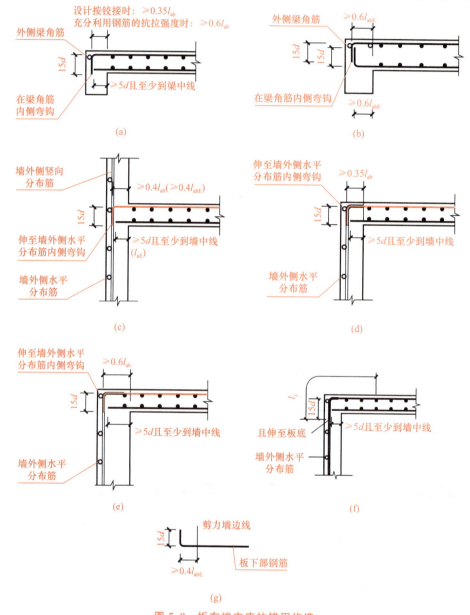

图5.8 板在端支座的锚固构造

(a)普通楼屋面板;(b)梁板式转换层的楼面板;(c)端支座为剪力墙中间层
(括号内的数值用于梁板式转换层的板);(d)端支座为剪力墙墙顶(板端按铰接设计时);
(e)端支座为剪力墙墙顶(板端上部纵筋按充分利用钢筋的抗拉强度时);
(f)端支座为剪力墙墙顶(搭接连接);(g)板下部纵筋在支座弯锚要求

> **特别提示**
>
> 说明：图中纵筋在端支座应伸至梁(墙)支座外侧纵筋内侧后弯折 $15d$，当平直段长度分别 $\geq l_a$ (l_{aE})时可不弯折；梁板式转换层的板中 l_{abE}、l_{aE} 按抗震等级四级取值。
> a. 图中"设计按铰接时""充分利用钢筋的抗拉强度时"由设计指定。
> b. 当支座为中间支座时，锚固长度＝max($5d$,支座宽/2)，如图 5.7 所示。
> c. 板净跨长为相邻两支座之间板的净长度。
> d. 当板底钢筋为 HPB300 级时，端支座可做 180°弯钩，即弯钩长度＝$6.25d \times 2$。

(2)板底纵向钢筋根数计算(图 5.7)。

板底纵向钢筋根数＝(支座间净距－板筋间距)/板筋间距＋1

注意：与支座平行的钢筋，第一根距支座边为板筋间距的 1/2。

2. 板面贯通钢筋的计算

(1)板面贯通钢筋长度计算。

板面贯通钢筋长度＝净跨长＋左支座锚固＋右支座锚固＋搭接长度

1)当端支座为梁时，锚固长度＝梁宽－梁保护层厚度＋$15d$，如图 5.8(a)、(b)所示。

2)当端支座为剪力墙时，锚固长度＝剪力墙厚－剪力墙保护层厚度＋$15d$，如图 5.8(c)～(e)所示。

板钢筋边支座负筋、中间支座负筋工程量计算

3)当端支座为剪力墙时，纵筋在端支座与剪力墙竖向分布筋搭接连接时，端支座锚固长度＝剪力墙厚－剪力墙保护层厚度＋l_l－$15d$，如图 5.8(f)所示。

> **特别提示**
>
> ①搭接长度＝单个搭接长度×搭接个数。
> ②当钢筋足够长时，能通长配置则通长，尽量减少板间钢筋接头。

(2)板面贯通钢筋根数计算。

板面贯通钢筋根数＝(支座间净距－板筋间距)/板筋间距＋1

注意：与支座平行的钢筋，第一根距支座边为板筋间距的 1/2。

3. 板支座负筋的计算

(1)板端支座负筋长度计算(图 5.9)。

板钢筋上部贯通纵筋工程量计算

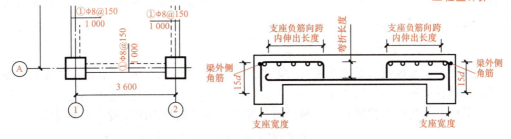

图 5.9 板端支座负筋计算图

板端支座负筋长度＝支座负筋向跨内伸出长度＋支座宽度/2－梁(墙)保护层厚度＋
15d＋板厚－板保护层厚度

板端支座负筋根数的计算同板面贯通筋。

(2)板中间支座负筋长度计算(图5.10)。

板中间支座负筋长度＝支座中心线向左跨内伸出长度＋支座中心向右跨内伸出长度＋2×
(板厚－板保护层厚度)

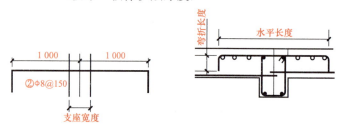

图5.10　板中间支座负筋计算图

板中间支座负筋根数的计算同板面通长筋。

(3)板分布钢筋计算(图5.11)。

板分布钢筋长度＝两端支座负筋净距＋150×2

板分布钢筋根数＝(支座负筋板内净长－分布钢筋间距/2)/分布钢筋间距＋1

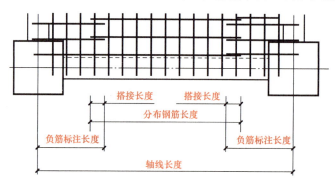

图5.11　板分布钢筋计算图

知识链接

分布钢筋是固定板负筋的钢筋，一般不在图上画出，只用文字表明规格、直径和间距。分布钢筋是垂直于负筋的一排平行钢筋，分布钢筋与负筋刚好形成钢筋网片。分布筋自身与受力主筋、构造钢筋的搭接长度为150 mm。

4. 板抗裂、抗温度钢筋的计算

板的抗裂、抗温度钢筋是在收缩应力较大的现浇板区域内，为了防止构件由于温差较大时开裂而设置的钢筋，如图5.12所示。

板抗裂、抗温度钢筋长度＝板净跨－左侧支座负筋板内净长度－右侧支座
负筋板内净长度＋搭接长度×2

板抗裂、抗温度钢筋根数＝(板垂直向净跨长－左侧支座负筋板内长度－

右侧支座负筋板内长度)/温度筋间距-1

注意：抗裂构造钢筋、抗温度钢筋自身及其与受力主筋的搭接长度为 l_l。

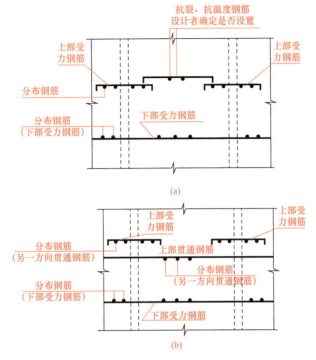

图 5.12 单(双)板配筋示意图
(a)分离式配筋；(b)部分贯通式配筋

5. 楼板其他类型钢筋构造

(1)悬挑板 XB 钢筋构造，如图 5.13 所示。

悬挑板下部构造钢筋长度=悬挑板净长度-板保护层厚度+max(12d，梁宽/2)

悬挑板上部受力钢筋长度：

图 5.13(a)受力钢筋长度=悬挑板净长度+梁宽/2+受力钢筋向跨内延伸长度-板保护层厚度+悬挑板端部厚度-板保护层厚度+楼板或屋面板厚度-板保护层厚度

图 5.13(b)受力钢筋长度=悬挑板净长度+梁宽-梁保护层厚度+15d-悬挑板保护层厚度+悬挑板厚度-板保护层厚度

图 5.13(c)受力钢筋长度=悬挑板净长度+l_a-悬挑板保护层厚度+悬挑板厚度-板保护层厚度

(2)无支承板端部封边构造，如图 5.14 所示。

(3)纵筋加强带构造，如图 5.15 所示。纵筋加强带代号为 JQD，其平面形状及定位由平面布置图表达，加强带内配置的加强贯通纵筋等由引注内容表达。纵筋加强带设单向加强贯通纵筋，取代其所在位置板中原配置的同向贯通纵筋。根据受力需要，加强贯通纵筋可在板下部配置，也可在板下部和上部均设置。

当将纵筋加强带设置为暗梁形式时应注写箍筋，其引注如图 5.15(a)所示。纵筋加强带内钢筋构造如图 5.15(b)所示。

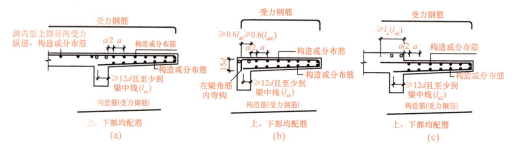

图 5.13 悬挑板 XB 钢筋构造

(a)延伸悬挑板。板顶与楼板或屋面板平齐；(b)纯悬挑板；(c)延伸悬挑板，板顶与楼板或屋面板不平齐

注：括号中数值用于需考虑竖向地震作用时，由设计明确。

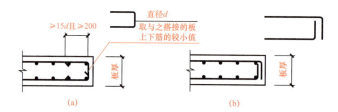

图 5.14 无支承板端部封边构造(当板厚≥150 时)

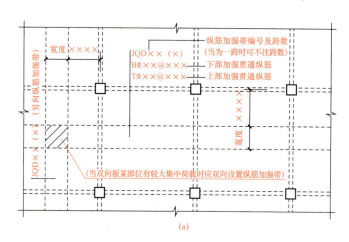

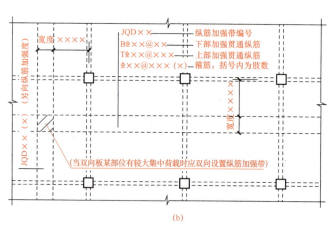

图 5.15 纵筋加强带构造

(a)纵筋加强带 JQD 引注图示；(b)纵筋加强带 JQD 引注图示(暗梁形式)

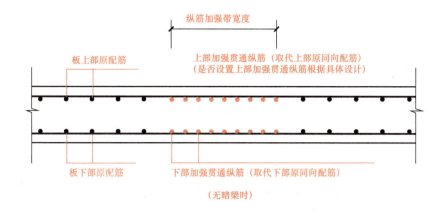

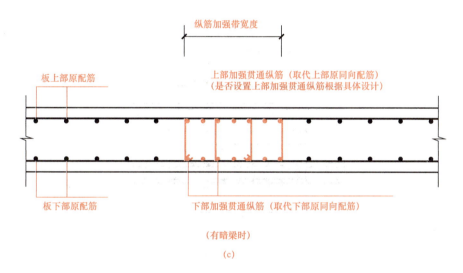

图 5.15 纵筋加强带构造(续)
(c)板内纵筋加强带 JQD 构造(加强贯通纵筋的连接要求与板纵筋相同)

(4)后浇带构造,如图 5.16 所示。后浇带代号为 HJD,其平面形状及定位由平面布置图表达,后浇带留筋方式等由引注内容表达,包括:后浇带编号及留筋方式代号,即贯通留筋和 100% 搭接留筋;后浇带混凝土强度等级;当后浇带区域留筋方式或后浇带混凝土强度等级不一致时,设计者应在图中注明与图示不一致的部位及做法。

(5)局部升降板构造,如图 5.17 所示。局部升降板代号为 SJB,其平面形状及定位由平面布置图表达,其他内容由引注内容表达。局部升降板的板厚、壁厚和配筋,在标准构造详图中取与所在板块的板厚和配筋相同,设计不注;当采用不同板厚、壁厚和配筋时,设计应补充绘制截面配筋图。局部升降板升高或降低的高度,在标准构造详图中限定为小于或等于 300 mm,当高度大于 300 mm 时,设计应补充绘制截面配筋图。

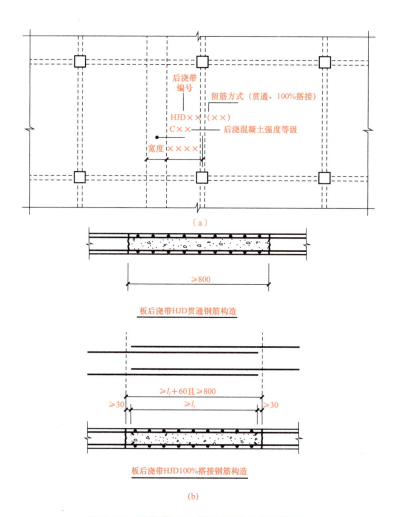

图 5.16 后浇带 HJD 引注图示与钢筋构造
(a)后浇带 HJD 引注图示；(b)板后浇带 HJD 钢筋构造

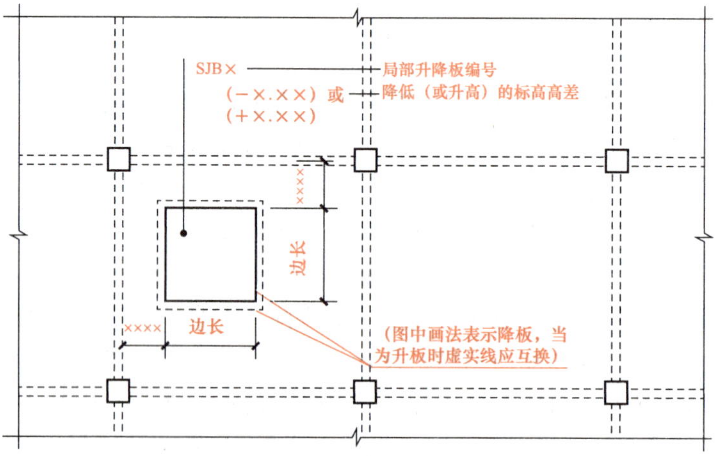

图 5.17 局部升降板 SJB 引注图示与构造
(a)局部升降板 SJB 引注图示

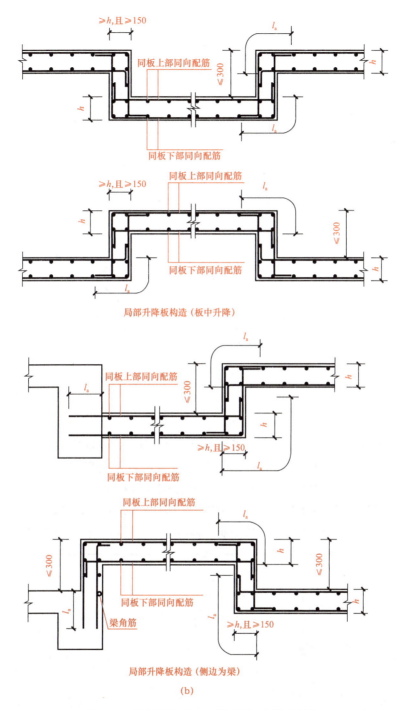

图 5.17 局部升降板 SJB 引注图示与构造(续)
(b)局部升降板 SJB 构造

(6)板加腋构造,如图 5.18 所示。板加腋代号为 JY,其位置与范围由平面布置图表达,腋宽、腋高及配筋等由引注内容表达。当为板底加腋时腋线应为虚线,当为板面加腋时腋线应为实线;当腋宽与腋高同板厚时,设计不注。加腋配筋按标准构造,设计不注;当加腋配筋与标准构造不同时,设计应补充绘制截面配筋图。

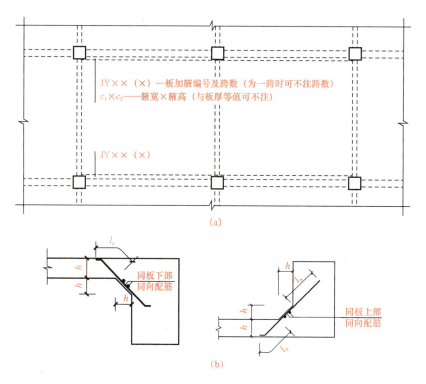

图 5.18 板加腋 JY 引注图示与配筋构造
(a)板加腋 JY 引注图示；(b)板加腋 JY 配筋构造

(7)板开洞构造，如图 5.19 所示。板开洞代号为 BD，其平面形状及定位由平面布置图表达，洞的几何尺寸等由引注内容表达。当矩形洞口边长或圆形洞口直径小于或等于 1 000 mm，且当洞边无集中荷载作用时，洞边补强钢筋可按标准构造的规定设置，设计不注；当洞口周边加强钢筋不伸至支座时，应在图中画出所有加强钢筋，并标注不伸至支座的钢筋长度。当具体工程所需要的补强钢筋与标准构造不同时，设计应加以注明。

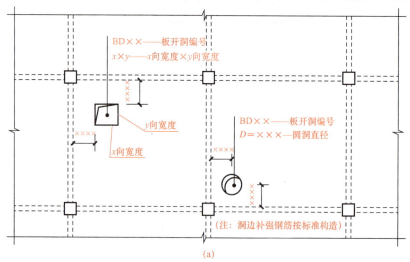

图 5.19 板开洞 BD 引注图示与构造
(a)板开洞 BD 引注图示

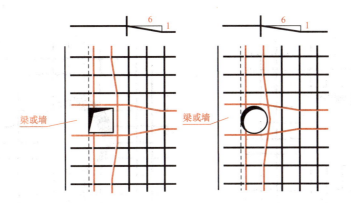

梁边或墙边开洞

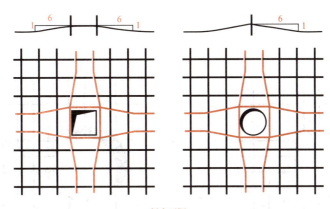

板中开洞

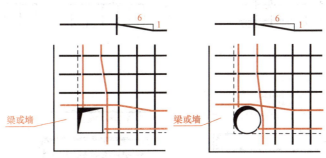

梁交角或墙角开洞

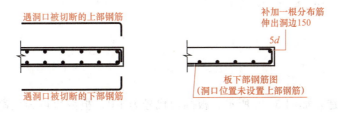

洞边被切断钢筋端部构造
(b)

图 5.19 板开洞 BD 引注图示与构造(续)

(b)矩形洞口边长和圆形洞口直径不大于 300 mm 时钢筋构造
(受力钢筋绕过孔洞,不另设补强钢筋)

· 119 ·

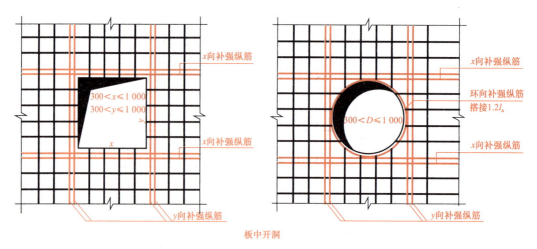

板中开洞

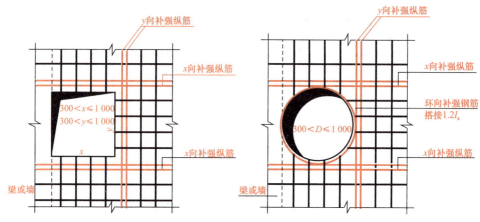

梁边或墙边开洞

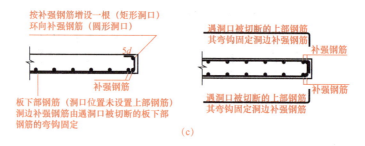

图 5.19 板开洞 BD 引注图示与构造(续)

(c)矩形洞边长和圆形洞直径大于 300 mm 但不大于 1 000 mm 时补强钢筋构造

(8)板翻边构造,如图 5.20 所示。板翻边代号为 FB,板翻边可为上翻也可为下翻,翻边尺寸等在引注内容中表达,翻边高度在标准构造详图中为小于或等于 300 mm。当翻边高度大于 300 mm 时,由设计者自行处理。

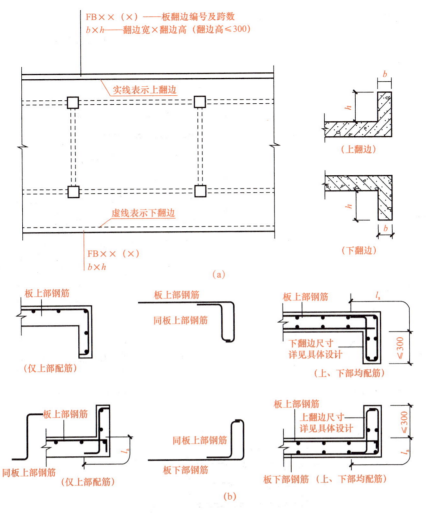

图 5.20 板翻边 FB 引注图示与钢筋构造
(a)板翻边 FB 引注图示；(b)板翻边 FB 钢筋构造

(9)角部加强筋构造，如图 5.21 所示。角部加强筋代号为 Crs，角部加强筋通常用于板块角区的上部，将在其分布范围内取代原配置的板支座上部非贯通纵筋，且当其分布范围内配有板上部贯通纵筋时则间隔布置。

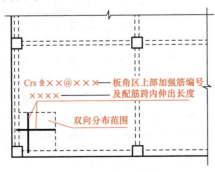

图 5.21 角部加强筋 Crs 引注图示

(10)悬挑板阴角附加筋构造,如图 5.22 所示。悬挑板阴角附加筋代号为 Cis,该钢筋是指在悬挑板的阴角部位斜放的附加钢筋,该附加钢筋设置在板上部悬挑受力钢筋的下面,自阴角位置向内分布。

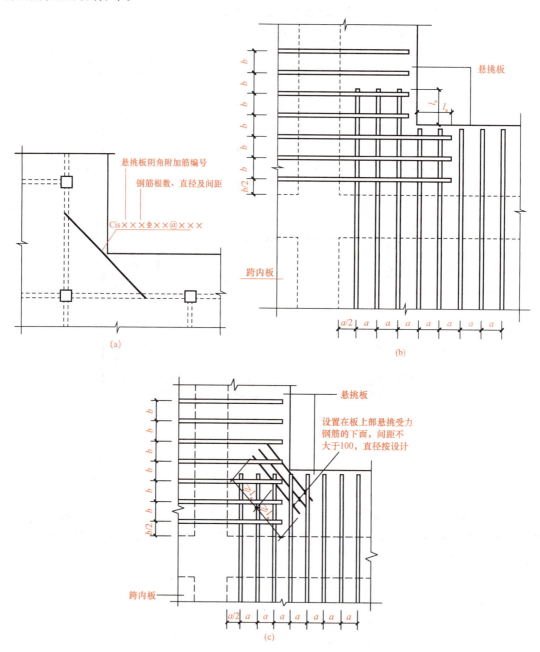

图 5.22 悬挑板阴角附加筋引注图示与钢筋构造
(a)悬挑板阴角附加筋 Cis 引注图示;(b)悬挑板阴角钢筋构造(一)
(图中未表示构造筋及分布筋);(c)悬挑板阴角钢筋构造(二)

(11)悬挑板阳角放射筋构造,如图5.23所示。

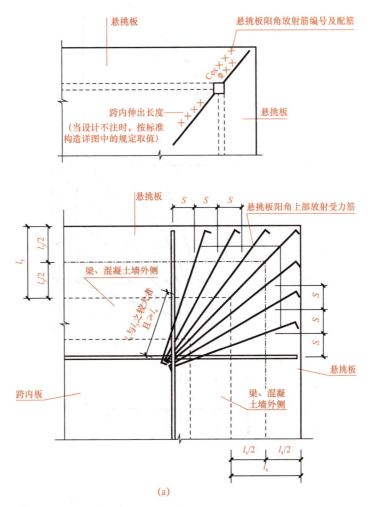

(a)

图 5.23 悬挑板阳角放射筋引注图示
(a)悬挑板阳角放射筋 Ces 引注图示(一)

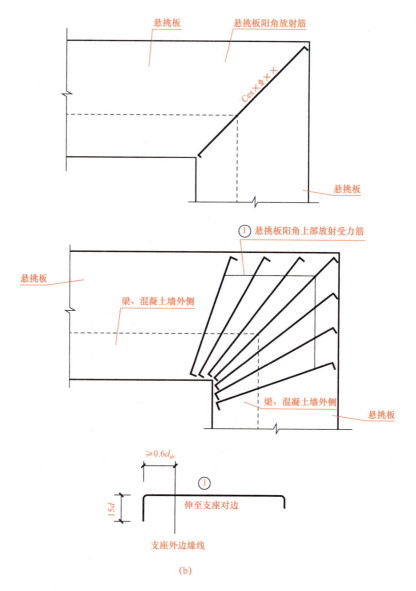

(b)

图 5.23 悬挑板阳角放射筋引注图示(续)
(b)悬挑板阳角放射筋 Ces 引注图示(二)

5.3.2 案例详解

【例 5.1】 如图 5.2 所示，计算⑦~ⓒ轴和ⓔ~ⓒ轴之间板贯通钢筋，框梁尺寸为 200 mm×600 mm，保护层厚度为 25 mm。

解： 板贯通筋计算过程见表 5.4。

表 5.4 板贯通筋计算过程

计算部位	钢筋种类	钢筋简图	单根钢筋长度/m	根数	总长度/m	钢筋线密度/(kg·m^{-1})	总质量/kg
x 向底筋	⌀10@150	—	$3.4+\max(0.2/2, 5\times0.01)+\max(0.2/2, 5\times0.01)=3.6$	$(4-0.15)/0.15+1=27$	97.2	0.617	60
y 向底筋	⌀10@150	—	$4.0+\max(0.2/2, 5\times0.01)+\max(0.2/2, 5\times0.01)=4.2$	$(3.4-0.15)/0.15+1=23$	96.6	0.617	60
x 向面筋	⌀10@150	⊓	$3.4+(0.2-0.025+15\times0.01)\times2=4.05$	27	109.35	0.617	67
y 向面筋	⌀10@150	⊓	$4.0+(0.2-0.025+15\times0.01)\times2=4.65$	23	106.95	0.617	66

【例 5.2】 如图 5.1 所示,已知梁截面尺寸为 200 mm×500 mm,柱截面尺寸为 400 mm×400 mm,梁保护层厚度为 25 mm,板保护层厚度为 15 mm,板分布钢筋为 Φ8@200。试计算轴线②~③之间板的贯通筋、④号负筋、轴线②处⑥号负筋及分布钢筋工程量。

解:(1)板贯通筋。

x 向:⌀10@100 $L=5.8+2\times\max(0.2/2, 5\times0.01)$
$\qquad =5.8+2\times0.1=6(m)$
$\qquad n=(5.9-0.1)/0.1+1=59(根)$

y 向:⌀10@100 $L=5.9+2\times\max(0.2/2, 5\times0.01)$
$\qquad =5.9+2\times0.1=6.1(m)$
$\qquad n=(5.8-0.1)/0.1+1=58(根)$

(2)支座负筋。

④号端支座负筋:⌀10@150
$\qquad L=1.4+(0.2-0.025+15\times0.01)+(0.15-0.015)=1.86(m)$
$\qquad n=(5.8-0.15)/0.15+1=39(根)$

轴线②处⑥号中间支座负筋:⌀10@150
$\qquad L=1.5\times2+(0.15-0.015)\times2=3.27(m)$
$\qquad n=(5.9-0.15)/0.15+1=40(根)$

(3)分布钢筋计算。

④号负筋下分布钢筋：Φ8@200

$$L = 6.0 - 1.5 \times 2 + 0.015 \times 2 + 2 \times 6.25 \times 0.008 = 3.13 \text{(m)}$$
$$n = (1.4 - 0.2/2)/0.2 + 1 = 8 \text{(根)}$$

轴线②处⑥号负筋下分布钢筋：Φ8@200

$$L = 6.0 - 1.5 \times 2 + 0.015 \times 2 + 2 \times 6.25 \times 0.008 = 3.13 \text{(m)}$$
$$n = [(1.4 - 0.2/2)/0.2 + 1] \times 2 = 16 \text{(根)}$$

学习启示

党的二十大报告指出，推进美丽中国建设，坚持山水林田湖草沙一体化保护和系统治理，统筹产业结构调整、污染治理、生态保护、应对气候变化，协同推进降碳、减污、扩绿、增长，推进生态优先、节约集约、绿色低碳发展。钢筋混凝土楼板作为重要的横向承重构件，为人们的工作、生活提供了舒适的活动空间，而其中的装配式混凝土叠合板在工程中的应用越来越广泛，装配式建筑具有的绿色、低碳、环保、节约的特点也是未来产业升级的重要路径之一。作为未来建筑从业人员的学生来说，实行精细化生产管理、减少生产浪费，提高产品质量和生产效率是建筑节约成本的重要举措。因此，需要注重培养学生精细识读、精细设计施工图的良好作风，精研细磨结构构造，培养一丝不苟的工匠精神和劳动风尚，凸显"精细意识""责任意识""安全意识""节约意识"。

项目小结

通过本项目的学习，要求掌握下列内容：

1. 有梁楼盖板和无梁楼盖板结构施工图中平面注写方式所表达的内容。
2. 有梁板标准构造详图中上部贯通筋、下部纵筋、支座负筋、分布钢筋、温度钢筋等的构造要求。
3. 能够准确计算板上部贯通筋、下部纵筋、支座负筋、分布钢筋、抗温度钢筋的长度。

习 题

1. 板平法标注如图5.24所示，已知梁板混凝土强度等级均为C30，梁截面尺寸为200 mm×500 mm，梁保护层厚度为25 mm，梁角筋为20 mm，板保护层厚度为15 mm，分布钢筋为Φ8@250，温度钢筋为Φ8@200，环境类别为一类，抗震等级为三级。试计算板下部纵筋、支座负筋、分布钢筋、温度钢筋的长度。

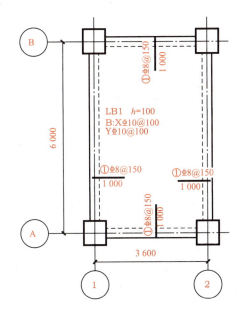

图 5.24　板平法标注示意图

2.某工程板结构平面布置图如图 5.2 所示,工程环境类别为一类,结构工作年限为 50 年,混凝土强度等级为 C25,结构抗震等级为三级,钢筋定尺长度为 9 m,绑扎搭接。框梁的截面尺寸均为 200 mm×600 mm,梁保护层厚度为 25 mm,板保护层厚度为 15 mm,分布钢筋为 Φ8@200,试计算:

(1)③~⑦轴间板下部纵向钢筋和上部贯通钢筋工程量;

(2)③~⑦轴间板支座负筋和分布钢筋工程量。

项目6 楼梯平法识图与钢筋计算

教学目标

通过本项目的学习，进一步熟悉22G101图集的相关内容；掌握现浇混凝土板式楼梯结构施工图中平面注写方式、剖面注写方式和列表注写方式所表达的内容；掌握板式楼梯标准构造详图中各种梯板形式的注写方式与适用条件；能够准确计算各种类型钢筋的长度。养成精细识读楼梯施工图、精细计算楼梯钢筋工程量的良好作风，精研细磨楼梯构造，培养学生一丝不苟的工匠精神和劳动风尚，凸显"精细意识""责任意识"。

教学要求

能力目标	知识要点	相关知识	权重
能够熟练地应用板式楼梯的平法制图规则和钢筋构造详图知识识读板式楼梯的平法施工图	集中标注、原位标注、锚固长度、支承方式	钢筋种类、混凝土强度等级、抗震等级、受拉钢筋基本锚固长度、环境类别、施工图的阅读等	0.7
能够熟练地计算各种类型钢筋的长度	构件净高度、锚固长度、搭接长度、钢筋保护层、钢筋弯钩增加值	与钢筋计算相关的消耗量定额规定、施工图的阅读、钢筋的线密度等	0.3

引 例

某板式楼梯的平面注写方法示例如图6.1所示，混凝土强度等级为C30，环境类别为一类，混凝土结构设计工作年限为50年，抗震等级为非抗震，在阅读该板式楼梯的平法施工图时，集中标注和原位标注包含哪些内容？计算钢筋长度时应考虑哪些因素？梯板的钢筋与两端的梯梁及平台板是如何锚固的？这些正是本项目要重点研究的问题。

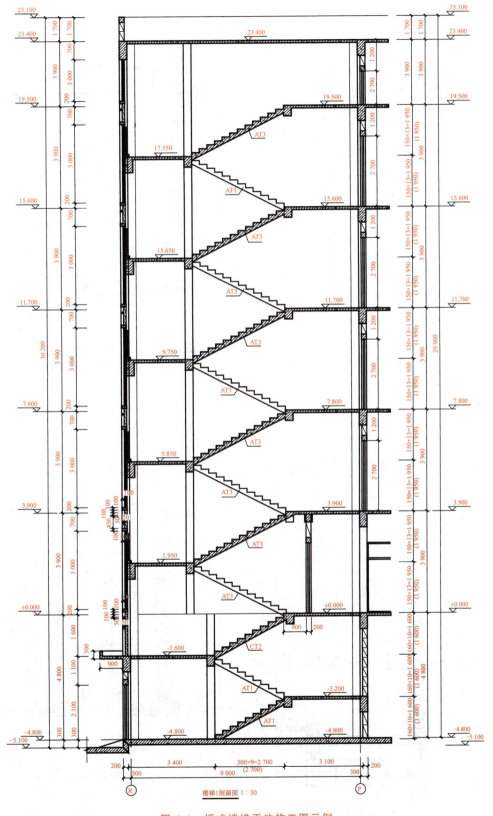

图 6.1 板式楼梯平法施工图示例

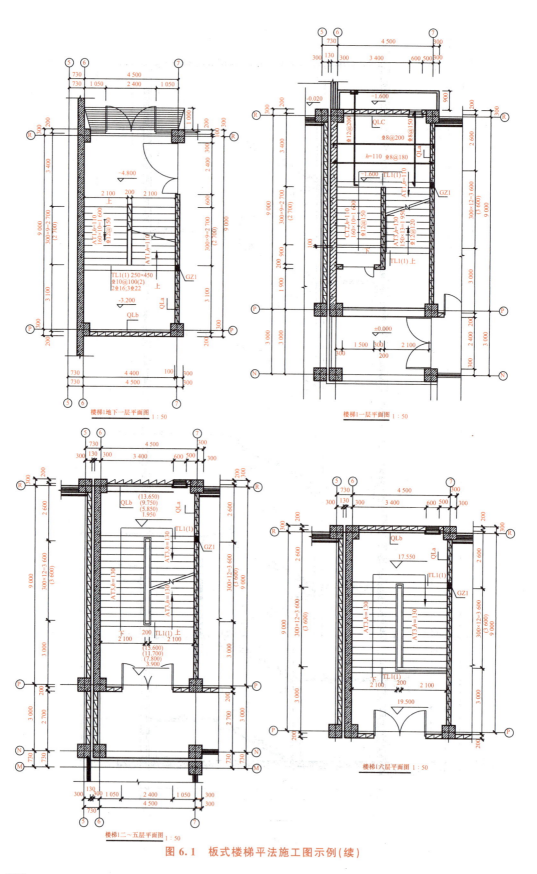

图 6.1 板式楼梯平法施工图示例（续）

任务 6.1　板式楼梯平法识图

平法 22G101—2 适用于抗震设防烈度为 6～9 度地区的现浇混凝土板式楼梯。现浇混凝土板式楼梯由梯板、平台板、梯梁和梯柱四部分组成。其中，梯柱、梯梁和平台板注写规则与框架柱、梁、板的平法注写规则相同。梯板的平法注写方式常采用平面注写方式、剖面注写方式和列表注写方式。

知识链接

为了确保施工人员准确无误地按平法施工图施工，在具体工程的结构设计总说明中必须写明以下与平法施工图密切相关的内容：

(1)注明所选用平法标准图的图集号，以免图集升版后在施工中用错版本。

(2)注明楼梯所选用的混凝土强度等级和钢筋种类，以确定相应受拉钢筋的最小锚固长度及最小搭接长度等。当采用机械锚固形式时，设计者应指定机械锚固的具体形式，如套筒挤压连接、直螺纹(锥螺纹)套筒连接、电渣压力焊接等。

(3)注明楼梯所处的环境类别及构件的混凝土保护层厚度。

(4)当选用 ATa、ATb、ATc、BTb、CTa、CTb 或 DTb 型楼梯时，设计者应根据具体工程情况给出楼梯的抗震等级。

(5)当标准构造详图有多种可选择的构造做法时，应写明在何部位选用何种构造做法。

(6)当选用 ATa、ATb、BTb、CTa、CTb 或 DTb 型楼梯时，可选用图集中滑动支座的做法。当采用与图集不同的做法时，由设计者另行处理。

(7)图集不包括楼梯与栏杆连接的预埋件详图。

图集中所有楼板踏步段的侧边均与侧墙相接触但不相连。当梯板踏步段与侧墙设计为相连或嵌入时，无论其侧墙为混凝土结构还是砌体结构，均由设计者另行设计。图集中 AT～GT 型楼梯，设计者可根据具体工程的实际情况增加抗震构造措施，同时，将图集中 l_a、l_{ab} 变更为 l_{aE}、l_{abE}。图集中相关构件的纵向受力钢筋均按带肋钢筋表达，当采用 HPB300 级钢筋时，其末端应设 180°弯钩。

1. 楼梯类型

现浇混凝土板式楼梯按照支承方式和设置抗震构造的情况分为 14 种类型，见表 6.1。

表 6.1　楼梯类型与编号

梯板代号	编号	适用范围	
		抗震构造措施	适用结构
AT	××	无	剪力墙、砌体结构
BT	××		
CT	××	无	剪力墙、砌体结构
DT	××		

续表

梯板代号	编号	适用范围	
		抗震构造措施	适用结构
ET	××	无	剪力墙、砌体结构
FT	××		
GT	××	无	剪力墙、砌体结构
ATa	××	有	框架结构、框剪结构中框架部分
ATb	××		
ATc	××		
BTb	××	有	框架结构、框剪结构中框架部分
CTa	××	有	框架结构、框剪结构中框架部分
CTb	××		
DTb	××	有	框架结构、框剪结构中框架部分

AT~CTb 型楼梯的平面和剖面部分示意图如图 6.2 所示。

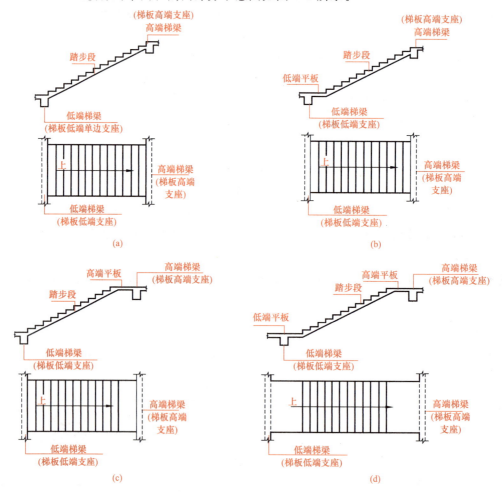

图 6.2 不同类型楼梯的平面和剖面示意图
(a)AT 型；(b) BT 型；(c) CT 型；(d) DT 型

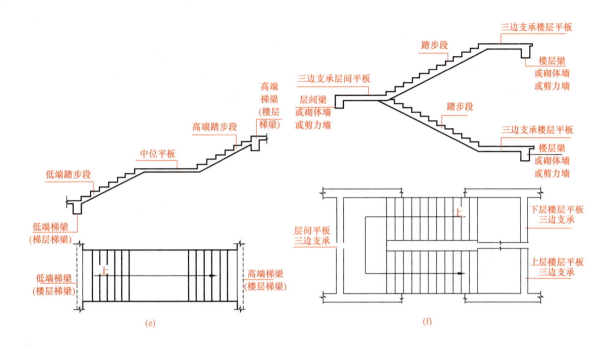

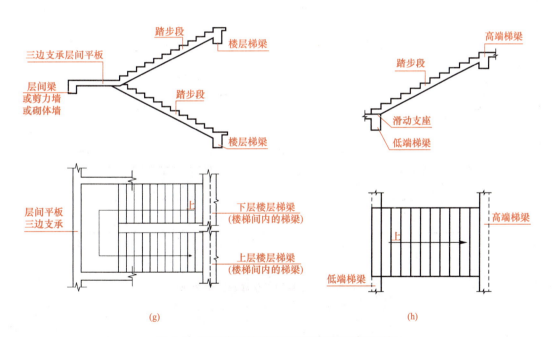

图 6.2 不同类型楼梯的平面和剖面示意图(续)

(e) ET 型;(f) FT 型(有层间和楼层平台板的双跑楼梯);
(g) GT 型(有层间平台板的双跑楼梯);(h) ATa 型

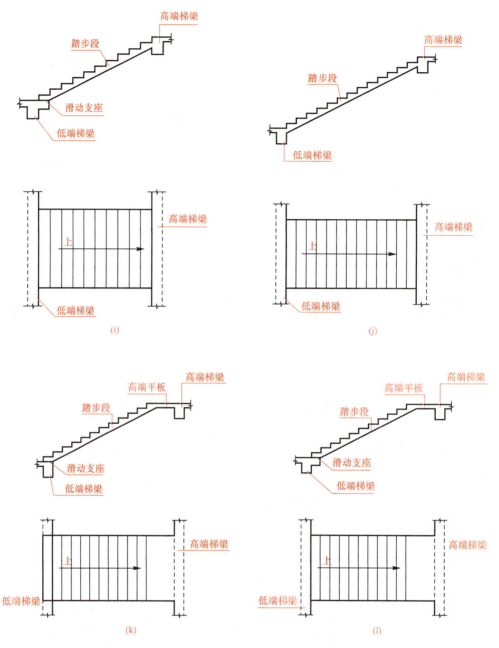

图 6.2 不同类型楼梯的平面和剖面示意图(续)
(i)ATb 型;(j)ATc 型;(k)CTa 型;(l)CTb 型

2. 楼梯平面注写方式

现浇混凝土板式楼梯的平面注写方式是在楼梯平面图上注写截面尺寸和配筋具体数值的方式表达楼梯施工图,包括集中标注和外围标注两部分,如图 6.3 所示。

(1)集中标注包括以下内容:

1)梯板类型代号与序号,如图 6.3(b)中的 AT3。

2)梯板厚度,注写为 $h=×××$,如图 6.3(b)中的 $h=120$。

带平板的梯板,当梯段板厚度和平板厚度不同时,可在梯段板厚度后面的括号内以字母 P 打头注写平板厚度。例如,$h=120(P130)$ 表示梯段板厚度为 120 mm,梯板平板段厚度为 130 mm。

3)踏步段总高度和踏步级数,以"/"分隔,如图 6.3(b)中的 1 800/12。

4)梯板上部纵筋和下部纵筋之间以";"分隔,如图 6.3(b)中的 ⊈10@200;⊈12@150。

5)梯板分布钢筋,以 F 打头注写分布钢筋具体值,也可在图中统一说明,如图 6.3(b)中的 Fϕ8@250。

(2)外围标注包括楼梯间的平面尺寸、楼层结构标高、层间结构标高、楼梯的上下行方向、梯板的平面几何尺寸、平台板配筋、梯梁及梯柱配筋等,如图 6.3 所示。

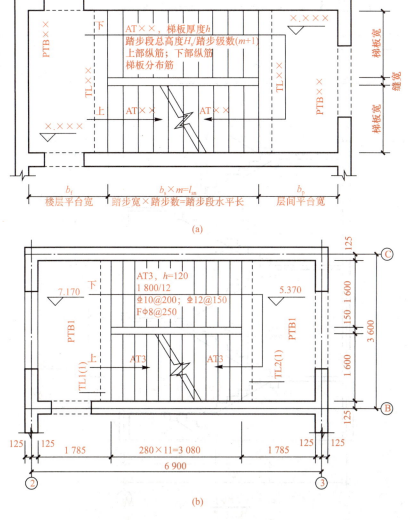

图 6.3 楼梯平面注写方式示意图

3. 剖面注写方式

现浇混凝土板式楼梯的剖面注写方式需在楼梯平法施工图中绘制楼梯平面布置图和楼梯剖面图,注写方式分别采用平面注写和剖面注写,如图 6.4 所示。

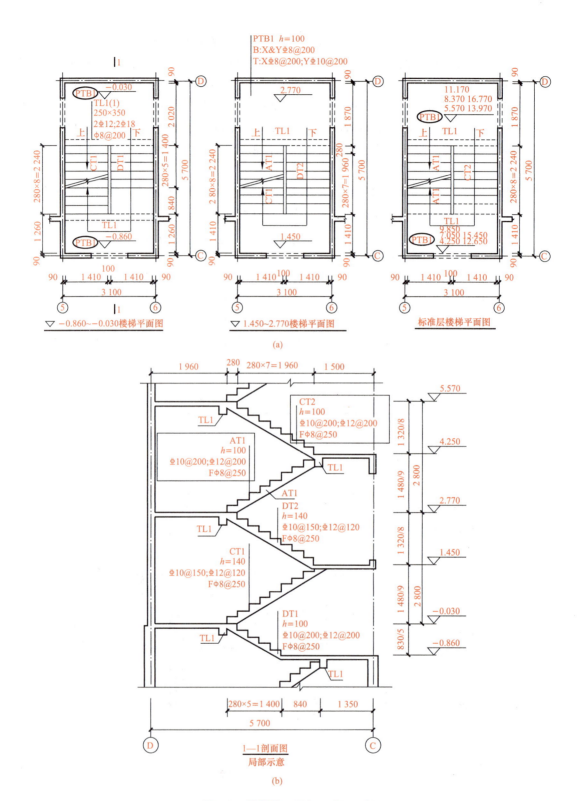

图 6.4 楼梯施工图剖面注写示例
(a)平面图；(b)剖面图

(1)平面注写的内容与平面注写方式中外围标注的内容基本相同,包括楼梯间的平面尺寸、楼层结构标高、层间结构标高、楼梯的上下行方向、梯板的平面几何尺寸、梯板类型及编号、平台板配筋、梯梁及梯柱配筋等。

(2)楼梯剖面注写内容包括梯板集中标注、梯梁梯柱编号、梯板水平和竖向尺寸、楼层结构标高、层间结构标高等。其中,集中标注包括以下内容:

1)梯板类型代号与序号,如图6.4(b)中的AT1、CT2等。

2)梯板厚度,注写为$h=\times\times\times$,如图6.4(b)中的AT1注写为$h=100$,CT2注写为$h=100$。

带平板的梯板,当梯段板厚度和平板厚度不同时,可在梯段板厚度后面的括号内以字母P打头注写平板厚度。

3)梯板支座上部纵筋和下部纵筋之间以";"分隔,如图6.4(b)中的AT1支座上部纵筋和下部纵筋标注为 ⊈10@200;⊈12@200。

4)梯板分布钢筋,以F打头注写分布钢筋具体数值,也可在图中统一说明,如图6.4(b)中的AT1分布钢筋标注为Fϕ8@250。

AT型楼梯钢筋构造识读

4. 列表注写方式

列表注写方式是用列表方式注写梯板截面尺寸和配筋具体数值的方式来表达楼梯施工图,其具体要求同剖面注写方式,仅将剖面注写方式中的梯板配筋注写项改为列表注写方式即可,如将图6.4(b)中的剖面注写方式改成列表注写方式,见表6.2。

CT型楼梯钢筋构造识读

表6.2 列表注写方式

梯板类型	踏步高度/踏步级数	板厚h	上部纵筋	下部纵筋	分布钢筋
AT1	1 480/9	100	⊈10@200	⊈12@200	ϕ8@250
CT1	1 480/9	140	⊈10@150	⊈12@120	ϕ8@250
CT2	1 320/8	100	⊈10@200	⊈12@200	ϕ8@250
DT1	830/5	100	⊈10@200	⊈12@200	ϕ8@250
DT2	1 320/8	140	⊈10@150	⊈12@120	ϕ8@250

任务6.2 案 例

1. 板式楼梯钢筋构造

板式楼梯钢筋包括下部纵筋、上部纵筋、梯板分布钢筋等。梯板钢筋构造示意图如图6.5所示(以AT型梯板为例)。

DT型楼梯钢筋构造识读

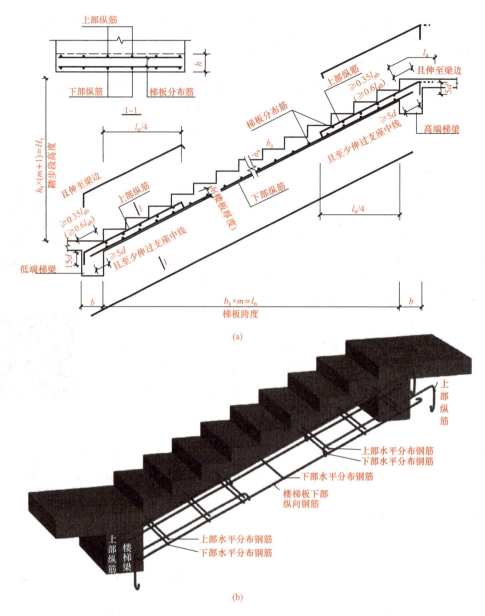

图 6.5　AT 型楼梯板配筋构造
(a) 梯板剖面配筋构造；(b) 梯板配筋立体示意图

(1) 钢筋构造说明。

1) 下部纵筋端部要求伸过支座中线且不小于 $5d$。

2) 上部纵筋在支座内需要伸至对边再向下弯折 $15d$，向跨内水平延伸长度为 $l_n/4$；上部有条件时，可直接伸入平台内锚固，从支座内边算起总锚固长度不小于 l_a。

3) 图 6.5 中上部纵筋锚固长度 $0.35l_{ab}$ 用于设计按铰接的情况，括号内数据 $0.6l_{ab}$ 用于设计考虑充分发挥钢筋抗拉强度的情况，具体工程中设计应指明采用哪种情况。

4) 当采用 HPB300 级光圆钢筋时，除梯板上部纵筋的跨内端头做 90°直角弯钩外，所有末端应做 180°的弯钩。

(2)钢筋工程量计算。梯板钢筋工程量计算方法见表6.3。

表 6.3 梯板钢筋工程量计算方法

钢筋位置	钢筋种类	钢筋计算方法	备注
梯板下部钢筋	下部纵筋	长度$=k\times l_n+2\times \max(5d,b_k/2)+$两端180°弯钩（针对光圆钢筋） 根数$=(b_n-2\times$板保护层厚度$)/$间距$+1$	1. 梯板基本尺寸数据：楼梯净跨l_n、梯板净宽b_n、梯板厚度h、踏步宽度b_s、踏步高度h_s、梯梁宽度b。 2. 梯板斜坡系数$k=\sqrt{b_s^2+h_s^2}/b_s$。 3. 梯板斜长$=k\times l_n$。 4. 梯板下部纵筋锚入两端梯梁长度为$\max(5d,b_k/2)$。 5. 梯板钢筋起步距离距支座边缘为板筋间距的1/2。各型楼梯第一跑梯板钢筋起步距离距基础边缘距离为50
	分布钢筋	长度$=b_n-2\times$板保护层厚度$+$两端180°弯钩（针对光圆钢筋） 根数$=(k\times l_n-$间距$)/$间距$+1$	
低端上部钢筋	上部纵筋	长度$=(l_n/4+b-$梁保护层厚度$)\times k+15d+h-$板保护层 根数$=(b_n-2\times$板保护层厚度$)/$间距$+1$	
	分布钢筋	长度$=b_n-2\times$板保护层厚度$+$两端180°弯钩（针对光圆钢筋） 根数$=(k\times l_n/4-$间距$/2)/$间距$+1$	
高端上部钢筋	上部纵筋	长度$=(l_n/4+b-$梁保护层厚度$)\times k+15d+h-$板保护层 或长度$=k\times l_n/4+h-$板保护层厚度$+l_a+180°$弯钩（针对光圆钢筋） 根数$=(b_n-2\times$板保护层厚度$)/$间距$+1$	
	分布钢筋	长度$=b_n-2\times$板保护层厚度$+$两端180°弯钩（针对光圆钢筋） 根数$=(k\times l_n/4-$间距$/2)/$间距$+1$	

2. 案例详解

某AT型板式楼梯平法施工图如图6.6所示，已知墙厚为240 mm，轴线居中，楼梯井宽度为60 mm，混凝土强度等级为C25，环境类别为一类，混凝土结构设计工作年限为50年，梯梁宽度为200 mm，试计算钢筋工程量。

解：(1)计算有关参数。

梯板净跨$l_n=2\ 080$ mm

梯板净宽$b_n=(2\ 740-240-60)/2=1\ 220$(mm)

梯板厚度$h=100$ mm

踏步宽度$b_s=260$ mm

踏步高度$h_s=1\ 500/9=167$(mm)

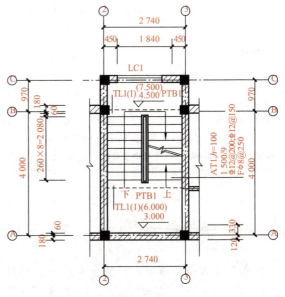

图 6.6 AT型板式楼梯平法施工图

保护层厚度：根据环境类别、混凝土结构使用年限及混凝土强度等级确定板的保护层厚度为 20 mm，梁的保护层厚度为 25 mm。

斜坡系数 $k=\sqrt{260^2+167^2}/260=1.189$

锚固长度 $=\max(5d, bk/2)=\max(5\times12, 200\times1.189/2)=118.9(\mathrm{mm})$

(2)梯板钢筋工程量计算过程见表 6.4。

表 6.4 梯板钢筋工程量计算过程

钢筋位置	钢筋种类	钢筋计算方法(长度单位为 m)	长度/m
梯板下部钢筋	下部纵筋 ⊈12@150	长度 $=k\times l_\mathrm{n}+2\times\max(5d, bk/2)=1.189\times2.08+2\times0.118\ 9=2.71$ 根数 $=(b_\mathrm{n}-2\times$ 板保护层厚度$)/$间距$+1=(1.22-2\times0.02)/0.15+1=9$	$2.71\times9=24.39$
	分布钢筋 Φ8@250	长度 $=b_\mathrm{n}-2\times$ 板保护层厚度 $+$ 两端 180°弯钩 $=1.22-2\times0.02+12.5\times0.008=1.28$ 根数 $=(k\times l_\mathrm{n}-$ 间距$)/$间距$+1=(1.189\times2.08-0.25)/0.25+1=10$	$1.28\times10=12.8$
低端上部钢筋	上部纵筋 ⊈12@200	长度 $=(l_\mathrm{n}/4+b-$ 梁保护层厚度$)\times k+15d+h-$ 板保护层厚度 $=(2.08/4+0.2-0.025)\times1.189+15\times0.012+0.1-0.02=1.09$ 根数 $=(b_\mathrm{n}-2\times$ 板保护层厚度$)/$间距$+1=(1.22-2\times0.02)/0.2+1=7$	$1.09\times7=7.63$
	分布钢筋 Φ8@250	长度 $=b_\mathrm{n}-2\times$ 板保护层厚度 $+$ 两端 180°弯钩 $=1.22-2\times0.02+12.5\times0.008=1.28$ 根数 $=(k\times l_\mathrm{n}/4-$ 间距$/2)/$间距 $+1=(1.189\times2.08/4-0.25/2)/0.25+1=3$	$1.28\times3=3.84$
高端上部钢筋	上部纵筋 ⊈12@200	长度 $=1.09$ 根数 $=7$ (同低端上部钢筋)	$1.09\times7=7.63$
	分布钢筋 Φ8@250	长度 $=1.28$ 根数 $=3$ (同低端上部钢筋)	$1.28\times3=3.84$
合计：⊈12 长度 $=24.39+7.63+7.63=39.65(\mathrm{m})$，质量 $=39.65\times0.888=35(\mathrm{kg})$ Φ8 长度 $=12.8+3.84+3.84=20.48(\mathrm{m})$，质量 $=20.48\times0.395=8(\mathrm{kg})$ 说明：计算钢筋根数，每个商取整数时，只入不舍。			

学习启示

党的二十大报告指出：坚持安全第一、预防为主，建立大安全大应急框架，完善公共安全体系,推动公共安全治理模式向事前预防转型。近年来,消防事故时有发生,而消防通道被占用,消防疏散通道被堵塞极大地影响了消防救援的速度,甚至会导致本可以避免的人员伤亡发生。楼梯作为重要的消防疏散通道,即使在多层、高层中设置了电梯作为主要垂直交通工具,仍要保留楼梯供发生火灾时逃生之用。通过观看"消防通道-生命通道""生命通道不可儿戏"等安全警示视频、工程事故案例分析、建筑安全体验等,培养学生敬畏生命,安全第一,严格按照规范、图集进行设计,牢记消防"底线"不可触碰,养成良好的安全防范意识。

项目小结

通过本项目的学习,要求掌握以下内容:
1. 板式楼梯结构施工图中平面注写方式、剖面注写方式和列表注写方式所表达的内容。
2. 板式楼梯标准构造详图中下部纵筋在两端梯梁内的锚固构造、高端和低端板上部纵筋在支座内的锚固要求及向跨内的延伸长度规定、板的下部和上部分布钢筋的构造规定。
3. 能够准确计算梯板下部纵筋、上部纵筋及分布钢筋的长度及根数。

习 题

某工程板式楼梯平法施工图如图6.7所示,已知混凝土强度等级为C25,环境类别为一类,混凝土结构设计工作年限为50年,试计算板式楼梯钢筋工程量。

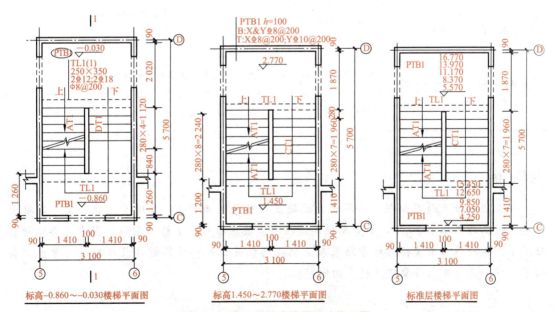

图6.7 某工程板式楼梯平法施工图

项目 7　基础平法识图与钢筋计算

教学目标

通过本项目的学习，进一步熟悉 22G101 图集的相关内容；掌握现浇混凝土的独立基础、条形基础、筏形基础及桩基础施工图中平面注写方式与截面注写方式所表达的内容；掌握基础标准构造详图中基础插筋、底板配筋、基础主梁（次梁）纵筋、第一种箍筋范围和第二种箍筋范围钢筋构造及桩基承台、承台梁、基础联系梁的钢筋构造规定；能够准确计算各种类型钢筋的长度。养成精细识读基础施工图、精细计算基础钢筋工程量的良好作风，精研细磨各种基础构造；九层之台，起于累土，要培养学生扎实的建筑基础功底，一丝不苟的工匠精神以及承担智能建造强国建设使命的责任意识。

教学要求

能力目标	知识要点	相关知识	权重
能够熟练地应用基础的平法制图规则和钢筋构造详图知识识读独立基础、条形基础、筏形基础及桩基础的平法施工图	集中标注、原位标注、锚固长度、搭接长度、基础底板钢筋长度减短的规定	钢筋种类、混凝土强度等级、抗震等级、受拉钢筋基本锚固长度、环境类别、基础后浇带、基础施工图的阅读等	0.7
能够熟练地计算各种类型钢筋的长度	构件净长度、锚固长度、搭接长度、钢筋保护层、钢筋弯钩增加值	与钢筋计算相关的消耗量定额规定、施工图的阅读、钢筋的线密度等	0.3

引　例

某工程基础平面图如图 7.1 所示，混凝土强度等级为 C30，环境类别为一类，混凝土结构设计工作年限为 50 年，不考虑抗震，在阅读该基础的平法施工图时，图中有哪几种基础类型？各种基础都是按哪种方法来表达配筋的相关信息？计算钢筋长度时，应考虑哪些因素？这些正是本项目要重点研究的问题。

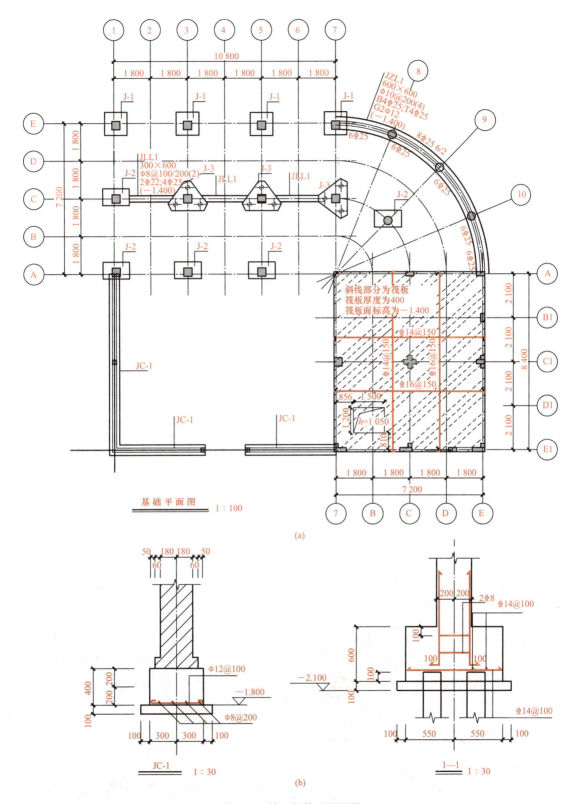

图 7.1 某工程基础平面图
(a)基础平面布置图；(b)基础详图

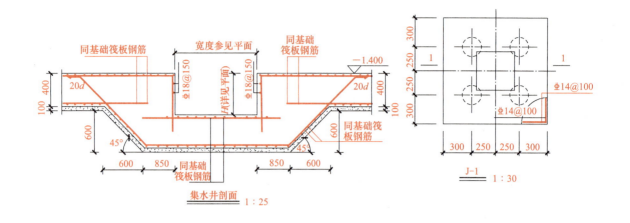

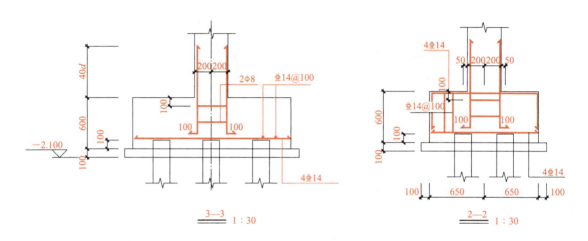

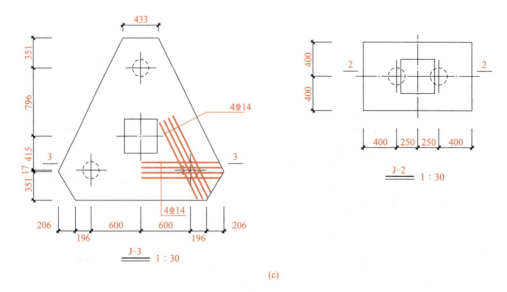

(c)

图 7.1 某工程基础平面图(续)

(c)基础详图

任务 7.1 独立基础平法识图

在阅读利用"平法"绘制的基础施工图之前，首先简要介绍 22G101—3 中有关基础平法施工图的相关规定。

按平法设计绘制的现浇混凝土独立基础、条形基础、筏形基础及桩基础施工，以平面注写为主、截面注写为辅表达各类构件的尺寸和配筋，如图 7.2 所示。

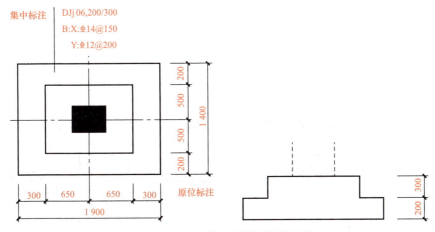

图 7.2 某独立基础平面注写示意图

为方便设计表达和施工识图，基础平法施工图制图规则中规定结构平面的坐标方向为：当两向轴网正交布置时，图面从左至右为 x 向，从下至上为 y 向；当轴网在某位置转向时，局部坐标方向顺轴网转向角度做相应转动，转动后的坐标应加图示；当轴网向心布置时，切向为 x 向，径向为 y 向，并应加图示。

为确保施工人员准确无误地按平法施工图进行施工和钢筋算量，在具体工程施工图中必须写明以下与平法施工图密切相关的内容：

(1)注明所选用平法标准图的图集号，以免图集升版后在施工中用错版本。

(2)注明各构件所采用的混凝土强度等级和钢筋级别，以确定与其相关的受拉钢筋最小锚固长度及最小搭接长度。

(3)注明基础中各部位所处的环境类别，且对混凝土保护层厚度有特殊要求时应予以注明。各构件混凝土保护层的最小厚度见表 7.1。

表 7.1 混凝土保护层的最小厚度

环境类别	板、墙		梁、柱		基础梁（顶面和侧面）		独立基础、条形基础、筏形基础（顶面和侧面）	
	≤C25	≥C30	≤C25	≥C30	≤C25	≥C30	≤C25	≥C30
一	20	15	25	20	25	20	—	—
二 a	25	20	30	25	30	25	25	20
二 b	30	25	40	35	40	35	30	25
三 a	35	30	45	40	45	40	35	30

续表

环境类别	板、墙		梁、柱		基础梁（顶面和侧面）		独立基础、条形基础、筏形基础（顶面和侧面）	
	≤C25	≥C30	≤C25	≥C30	≤C25	≥C30	≤C25	≥C30
三 b	45	40	55	50	55	50	45	40

注：1. 钢筋混凝土基础宜设置混凝土垫层，基础底部钢筋的混凝土保护层厚度应从垫层顶面算起，且不应小于 40 mm；无垫层时，不应小于 70 mm。
    2. 灌注桩的纵向受力钢筋的混凝土保护层厚度不应小于 50 mm，腐蚀环境中桩的纵向受力钢筋的混凝土保护层厚度不应小于 55 mm。
    3. 桩基承台及承台梁：承台底面钢筋的混凝土保护层厚度，当有混凝土垫层时，不应小于 50 mm，无垫层时不应小于 70 mm；此外尚不应小于桩头嵌入承台内的长度。

(4) 设置后浇带时，注明后浇带的位置、浇灌时间和后浇混凝土的强度等级以及其他特殊要求，如图 7.3 所示。

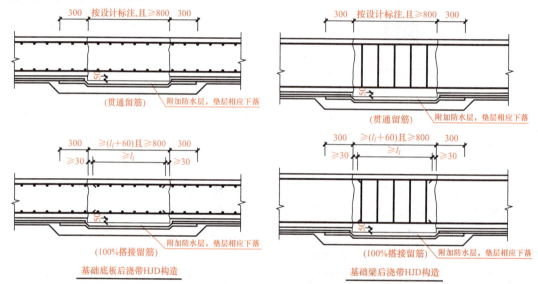

图 7.3 基础底板、基础梁后浇带构造

(5) 当标准构造详图有多种可选择的构造做法时，写明在何部位选用何种构造做法。当未写明时，则为设计人员自动授权施工人员可以任选一种构造做法进行施工。如图 7.4 所示为筏形基础板边缘侧面封边构造。

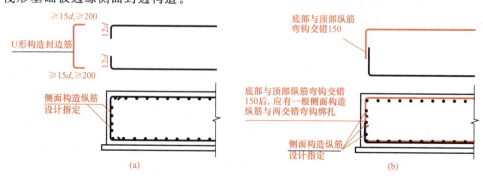

图 7.4 筏形基础板边缘侧面封边构造（外伸部位变截面时，侧面构造相同）
(a) U 形筋构造封边方式；(b) 纵筋弯钩交错封边方式

> **特别提示**
>
> 图7.4中的封边构造(a)和(b)在设计未注写时,施工时可任选一种,但从预算角度计算钢筋工程量,两种结果不完全相同,因此,在图纸会审阶段或施工过程中应予以确认,作为工程结算的依据。

(6)当采用防水混凝土时,应注明抗渗等级;应注明施工缝、变形缝、后浇带、预埋件等采用的防水构造类型。

本图集基础自身的钢筋当采用绑扎搭接连接时标为 l_l;基础自身钢筋的锚固标为 l_a、l_{ab}。但设计者也可根据具体工程的实际情况,将基础自身的钢筋连接与锚固按抗震设计处理,对本图集的标准构造作相应变更。

独立基础平面图应包括独立基础平面和基础所支撑的柱。当设置基础连系梁时,可将基础连系梁与基础平面图一起绘制,或单独绘制。独立基础平面图上标注有基础定位尺寸;当独立基础柱中心线或杯口中心线与建筑轴线不重合时,应标注其定位尺寸。编号相同且定位尺寸相同的基础,可仅选择一个进行标注,如图7.1所示。

7.1.1 独立基础编号

各种独立基础编号见表7.2。

表7.2 独立基础编号

类型	基础底板截面形状	代号	序号
普通独立基础	阶形	DJj	××
	锥形	DJz	××
杯口独立基础	阶形	BJj	××
	锥形	BJz	××

> **特别提示**
>
> "DJ"代表普通独立基础,"BJ"代表杯口独立基础。由于杯口独立基础在实际工程中一般只用于排架结构的单层工业厂房,使用较少,故本部分只介绍普通独立基础。

7.1.2 独立基础的平面注写方式

平面注写包括集中标注与原位标注。集中标注表达构件的通用数值;原位标注表达构件的特殊数值。图7.2所示为普通独立基础平面注写方式。施工时,原位标注取值优先。

1. 集中标注

集中标注的内容包括基础编号、截面竖向尺寸和配筋三项必注内容,以及基础底面标高与基础底面基准标高不同时和必要的文字注解两项选注内容。

素混凝土普通独立基础的集中标注，除无基础配筋内容外均与钢筋混凝土普通独立基础相同。

(1)基础编号。编号由代号和序号组成，见表7.2。

(2)截面竖向尺寸。普通独立基础截面竖向尺寸注写为 $h_1/h_2/\cdots$，h_1、h_2、$\cdots$ 当为更多阶时，各阶尺寸自下而上，用"/"分隔顺写，如图7.5所示。

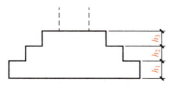

图7.5　阶形截面普通独立基础竖向尺寸

当基础为单阶时，竖向尺寸仅为一个且为基础总厚度，如图7.6所示。

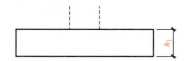

图7.6　单阶普通独立基础竖向尺寸

当基础为锥形截面时，注写为 h_1/h_2，如图7.7所示。

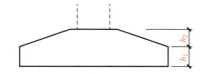

图7.7　锥形截面普通独立基础竖向尺寸

特别提示

当独立基础截面形状为锥形时，其坡面应采用能保证混凝土浇筑、振捣密实的较缓坡度；当采用较陡坡度时，应要求施工采用在基础顶面、坡面加模板等措施。

2. 独立基础配筋

(1)独立基础底板配筋，是指普通独立基础的底部双向配筋。以 B 代表各种独立基础底板的底部配筋；x 向配筋以 X 打头，y 向配筋以 Y 打头，两向配筋相同时以 X&Y 打头。表达形式如 B：X⏀××@×××，Y⏀××@×××，其中 ⏀ 表示钢筋等级，×× 表示钢筋直径，@××× 表示钢筋之间的间距。

例如，图7.8所示为一阶形普通独立基础，底板底部配 HRB400 级钢筋，x 向直径为 14 mm，间距为 150 mm；y 向直径为 12 mm，间距为 200 mm。

(2)注写普通独立深基础短柱竖向尺寸及钢筋。当独立基础埋深较大，设置短柱时，短柱配筋应注写在独立基础中。以 DZ 代表普通独立深基础短柱；先注写短柱纵筋，再注写箍筋，最后注写短柱标高范围；注写为：角筋/长边中部筋/短边中部筋，箍筋，短柱标高范围；当短柱水平截面为正方形时，注写为：角筋/x边中部筋/y边中部筋，箍筋，短柱标高范围，如图7.9、图7.10所示。

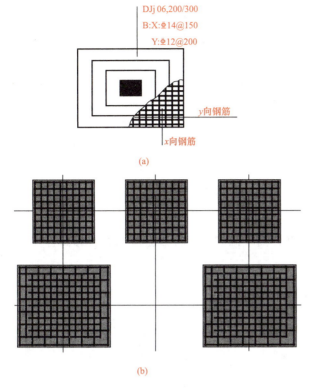

图 7.8 独立基础底板配筋

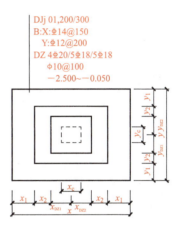

图 7.9 普通独立基础(带短柱)平面注写方式

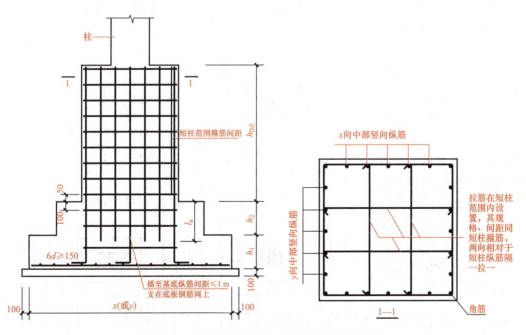

图 7.10 单柱普通独立深基础短柱配筋构造详图

> **特别提示**
>
> 图 7.9 中 x_c、y_c 为柱的截面尺寸；x_{DZ}、y_{DZ} 为短柱的截面尺寸。
>
> 从图 7.9、图 7.10 可知，短柱的四个角筋为 4 根直径 20 mm 的 HRB400 级钢筋；x 向中部竖向纵筋为 5 根直径 18 mm 的 HRB400 级钢筋（对称布置）；y 向中部竖向纵筋为 5 根直径 18 mm 的 HRB400 级钢筋（对称布置）；箍筋为直径 10 mm 的 HPB300 级钢筋，间距为 100 mm；拉筋为直径 10 mm 的 HPB300 级钢筋，间距为 100 mm；短柱的高度 $h_{DZ}=2.5-0.05=2.45(m)$；插至基础底板的竖向纵筋需弯锚 $6d$ 且 $\geqslant 150$ mm，未插至基础底板的竖向纵筋，需从基础扩大面的顶面向基础内锚固 l_a；基础高度范围内的第一根箍筋与基础扩大面顶面的距离为 100 mm，短柱内的第一根箍筋与基础扩大面顶面的距离为 50 mm。

3. 基础底面标高

当独立基础的底面标高与基础底面基准标高不同时，应将独立基础底面标高直接注写在括号内。

> **特别提示**
>
> 基础底面基准标高：当具体工程的全部基础底面标高相同时，基础底面基准标高就是基础底面标高；当基础底面标高不同时，取多数相同的底面标高为基础底面基准标高，其他少数不同标高应标明范围并注明标高数值。

4. 文字注解

当设计有特殊要求时，宜增加必要的文字注解。如基础底板配筋长度是否采用减短方式等，可在该项内注明。

5. 原位标注

钢筋混凝土和素混凝土独立基础的原位标注是在基础平面图上标注基础的平面尺寸。图 7.11、图 7.12 分别为对称阶形普通独立基础原位标注和非对称阶形普通独立基础原位标注，x、y 表示普通独立基础两向边长，x_i、y_i($i=1,2,3,\cdots$)为阶宽或坡形平面尺寸。

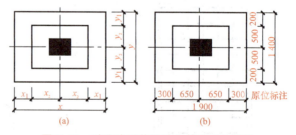

图 7.11 对称阶形普通独立基础原位标注

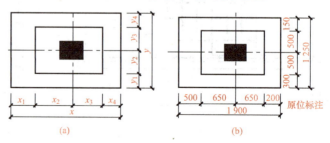

图 7.12 非对称阶形普通独立基础原位标注

知识链接

1. 双柱或四柱独立基础

独立基础通常为单柱独立基础，也可为多柱独立基础（双柱或四柱）。多柱独立基础的编号、几何尺寸和配筋的标注方法与单柱独立基础相同。

当为双柱独立基础且柱距较小时，通常仅配置基础底部钢筋；当柱距较大时，除基础底部配筋外，还需在两柱间配置基础顶部钢筋或设置基础梁；当为四柱独立基础时，通常可设置两道平行的基础梁，需要时可在两道基础梁之间配置基础顶部钢筋。其注写规定如下：

（1）注写双柱独立基础底板顶部配筋。双柱独立基础的顶部配筋，通常对称分布在双柱中心线两侧，注写为：双柱间纵向受力钢筋/分布钢筋。当纵向受力钢筋在基础底板顶面非满布时，应注明其总根数，如图7.13、图7.14所示。

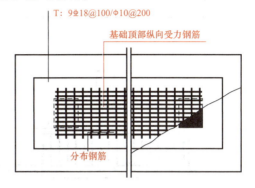

图7.13 双柱独立基础顶部配筋平面示意图

（2）注写双柱独立基础的基础梁配筋。当双柱独立基础为基础底板与基础梁相结合时，注写基础梁的编号、几何尺寸和配筋，如图7.15、图7.16所示。

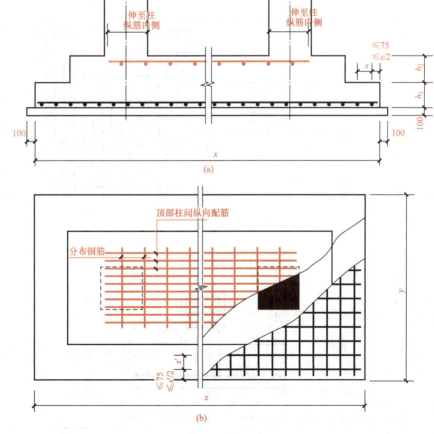

图7.14 双柱独立基础配筋构造详图
(a)双柱独立基础断面图；(b)双柱独立基础平面图

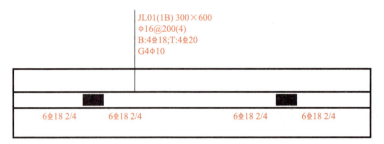

图 7.15 双柱独立基础梁平面注写方式

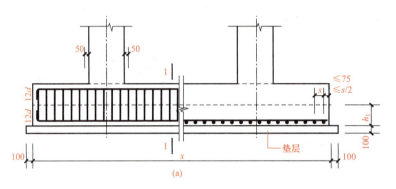

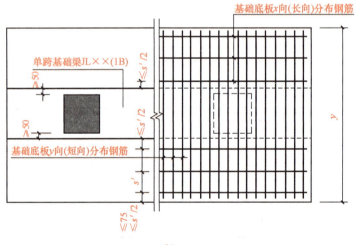

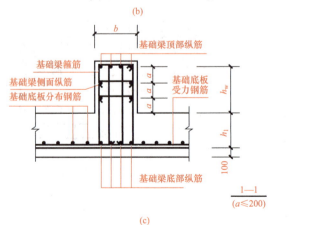

图 7.16 设置基础梁的双柱普通独立基础配筋构造详图

在阅读带基础梁的双柱独立基础配筋图时，需要注意：①基础梁与柱相交于节点，基础梁的箍筋贯通设置；②基础梁两端的第一根箍筋与柱边的构造尺寸为 50 mm；③基础梁上下纵筋延伸到端部弯锚 $12d$；④基础底板的纵筋（受力钢筋和分布钢筋）与基础边缘的距离为 $\min(75, s/2)$；⑤在基础梁宽度范围内不再布置基础底板的分布钢筋，且基础梁两边的第一根基础底板分布钢筋与基础梁边距离为不大于分布钢筋间距/2；⑥固定基础梁侧面纵筋的拉筋直径除注明者外均为 8 mm，间距为箍筋间距的 2 倍，当设有多排拉筋时，上下两排拉筋竖向错开设置。

（3）注写双柱独立基础的底板配筋。双柱独立基础底板配筋的注写，可以按条形基础底板的注写规定，也可以按独立基础底板的注写规定，如图 7.17 所示。

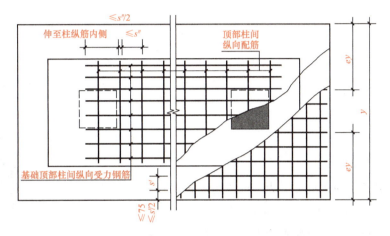

图 7.17　双柱普通独立基础配筋注写方式

（4）注写配置两道基础梁的四柱独立基础底板顶部配筋。当四柱独立基础已设置两道平行的基础梁时，可在双梁之间及梁的长度范围内配置基础顶部钢筋，注写为：梁间受力钢筋/分布钢筋，如图 7.18 所示。

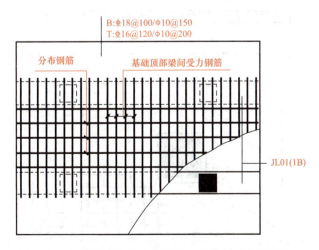

图 7.18　四柱独立基础底板顶部基础梁间配筋注写方式

2. 独立基础截面注写方式

独立基础的截面注写方式一般由截面示意图结合列表注写形成。

列表中的内容为基础截面的几何数据和配筋等，在截面示意图上应标注与表中栏目相对应的代号。如图 7.2 所示，如采用列表注写，其具体内容如下：

(1)编号：阶形截面编号为 DJj××，锥形截面编号为 DJz××。

(2)几何尺寸：水平尺寸 x、y、x_i、y_i($i=1,2,3,\cdots$)，竖向尺寸 $h_1/h_2/\cdots$。

(3)配筋：B：X：Φ××@×××，Y：Φ××@×××。

列表格式见表 7.3。

表 7.3 普通独立基础几何尺寸和配筋表

基础编号 /截面编号	截面几何尺寸			底部配筋(B)	
	x、y	x_i、y_i	$h_1/h_2/\cdots$	x 向	y 向
DJj06	1 900、1 400	x_1、y_1=300、200 x_2、y_2=650、500	200/300	Φ14@150	Φ12@200

7.1.3 标准构造详图

独立基础底板钢筋构造可分为一般构造和长度减短 10% 的构造。

1. 独立基础底板钢筋的一般构造

独立基础底板双向均要配置钢筋，其构造要点如图 7.19 所示。

柱下独立基础识图和钢筋构造

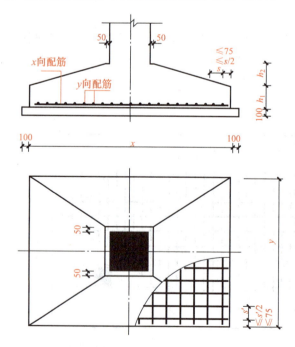

图 7.19 独立基础底板钢筋的一般构造

(1)独立基础底板双向交叉钢筋长向设置在下,短向设置在上。

(2)坡形独立基础顶边缘四周与柱边距离构造尺寸均为 50 mm。

(3)基础底板第一根钢筋距离构件边缘的起步距离为≤75 mm 且≤$s/2$(s 为钢筋间距),即 $\min(75, s/2)$。

(4)基础底板钢筋长度和根数的计算方法:

基础底板钢筋单根长度=基础长度(或宽度)-2×保护层厚度(如果是 HPB300 级钢筋,还需增加 12.5d)

基础长边(或短边)钢筋根数=[边长-2×保护层厚度]/间距+1

2. 独立基础底板钢筋长度减短 10%的构造

当独立基础底板长度≥2 500 mm 时,其底板钢筋长度减短 10%的构造如图 7.20 所示。

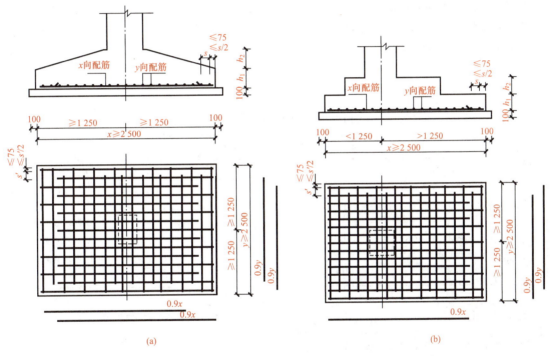

图 7.20 独立基础底板配筋长度减短 10%的构造

(a)对称独立基础;(b)非对称独立基础

(1)当对称独立基础底板长度≥2 500 mm 时,除外侧钢筋外,底板其他配筋长度可取相应方向底板长度的 0.9,且交错布置。

(2)当非对称独立基础底板长度≥2 500 mm,但该基础某侧从柱中心至基础底板边缘的距离<1 250 mm 时,钢筋在该侧不应减短,如图 7.20(b)所示。

(3)基础底板钢筋长度和根数的计算方法。如图 7.20(a)所示,x 方向底板钢筋长度和根数的计算过程如下:

最外边缘钢筋长度=基础长度-2×保护层厚度

中间钢筋长度=0.9×基础长度

钢筋总根数=[基础宽度-2×保护层厚度]/间距+1(其中最外边缘不减短钢筋 2 根,其他均为减短 10%的钢筋)

任务7.2 条形基础平法识图

条形基础平法施工图,有平面注写与截面注写两种表达方式(本任务主要介绍平面注写方式)。条形基础整体上可分为梁板式条形基础和板式条形基础。梁板式条形基础适用于钢筋混凝土框架结构、框架-剪力墙结构、部分框支剪力墙结构和钢结构,其平法施工图分解为基础梁和条形基础底板两部分。板式条形基础适用于钢筋混凝土剪力墙结构和砌体结构,其平法施工图仅表达条形基础底板。

条形基础平面图包括条形基础平面、基础所支承的上部结构的柱和墙。当基础底面标高不同时,需注明与基础底面基准标高不同之处的范围和标高。当梁板式基础梁中心或板式条形基础板中心与建筑定位轴线不重合时,应标注其定位尺寸;对于编号相同的条形基础,可仅选择一个进行标注。

7.2.1 条形基础编号

条形基础编号可分为基础梁和条形基础底板编号,见表7.4。

表7.4 条形基础梁及底板编号

类型		代号	序号	跨数及有无外伸
基础梁		JL	××	(××)端部无外伸 (××A)一端有外伸 (××B)两端有外伸
条形基础底板	坡形	TJBP	××	
	阶形	TJBj	××	

特别提示

条形基础通常采用坡形截面或单阶形截面。

例如,TJBP02(4B),表示2号条形基础底板,坡形,4跨两端有悬挑。

7.2.2 条形基础梁的平面注写方式

基础梁JL的平面注写包括集中标注和原位标注两部分内容。

1. 基础梁的集中标注

基础梁的集中标注内容为基础梁编号、截面尺寸和配筋三项必注内容和基础梁底面标高(与基础底面基准标高不同时)、必要的文字注解两项选注内容。

(1)基础梁编号。如图7.21所示,1号基础梁,6跨,两端有悬挑。

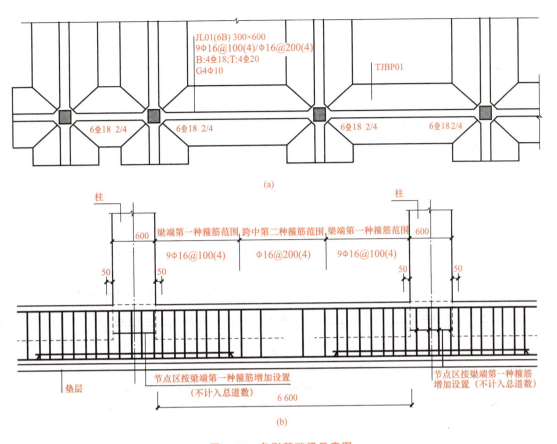

图 7.21 条形基础梁示意图

(a)条形基础平面注写方式示意图；(b)条形基础梁箍筋构造

(2)基础梁截面尺寸。梁的截面宽度与高度常注写为 $b\times h$。如图 7.21 中基础梁的断面尺寸为 300 mm×600 mm，表示其宽度为 300 mm，高度为 600 mm。当为竖向加腋梁时，用 $b\times h$ $Yc_1\times c_2$ 表示，如图 7.22 所示，腋长为 c_1，腋高为 c_2。

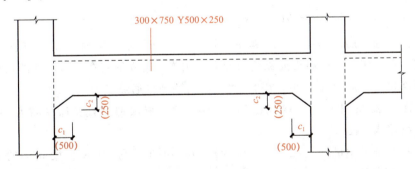

图 7.22 竖向加腋基础梁示意图

(3)基础梁配筋。

1)基础梁箍筋。基础梁箍筋的内容包括钢筋级别、直径、间距与肢数(箍筋肢数写在括号内)，表达形式为 ⊈××@×××(×)。例如，⊈12@200(4)表示基础梁配置 HRB400 级钢筋，箍筋直径为 12 mm，间距为 200 mm，四肢箍。当采用两种箍筋时，用"/"分隔不同箍筋，按照从基础梁两端向跨中的顺序注写。先注写第一段箍筋，在前面加注箍筋道数；在"/"后面再注写第二段箍筋，不再加注箍筋道数，表达形式为××Φ××@×××/Φ××@×××(×)，如图 7.21 所示。

> **特别提示**
>
> 基础梁的底部贯通纵筋，可在跨中 1/3 净跨长度范围内采用搭接连接、机械连接或焊接连接。
>
> 基础梁的顶部贯通纵筋，可在距柱根 1/4 净跨长度范围内采用搭接连接，或在柱根附近采用机械连接或焊接连接，且应严格控制接头百分率，如图 7.23 所示。 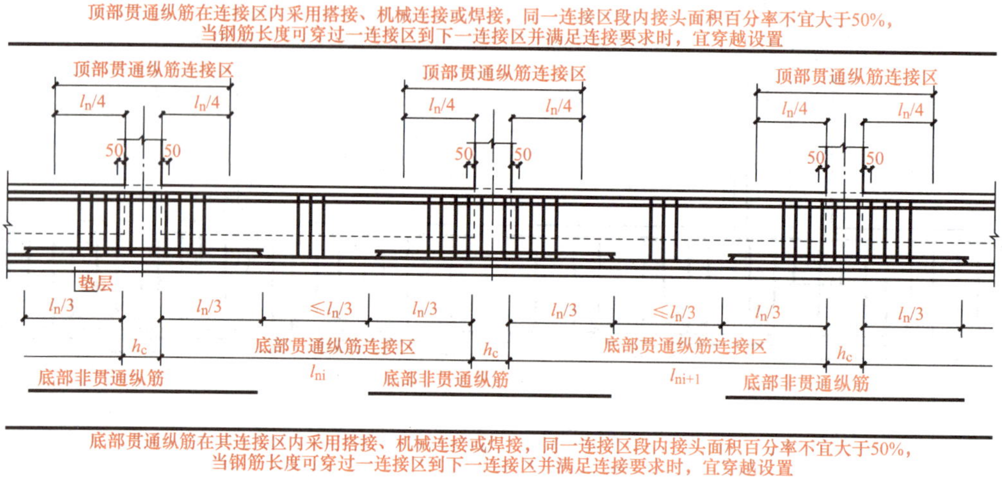
>
> 图 7.23 基础梁纵向钢筋与箍筋构造

例如，6Φ16@110/Φ16@200(6)表示基础梁配置两种间距的 HRB400 级箍筋，两端箍筋直径为 16 mm，间距为 110 mm，每端各设 6 道；其余部位箍筋直径 16 mm，间距为 200 mm，均为六肢箍。

2)基础梁底部、顶部及侧面纵向钢筋。

①梁底部贯通纵筋以 B 打头，当跨中所注根数少于箍筋肢数时，在跨中增设梁底部架立筋以固定箍筋，采用"+"将贯通纵筋与架立筋相连，架立筋写在加号后面的括号里。

②梁顶部贯通纵筋以 T 打头，用";"将底部与顶部贯通纵筋分隔开。

例如，图 7.21(a)中的 B：4Φ18；T：4Φ20，表示梁底部配置贯通纵筋为 4Φ18；梁顶部配置贯通纵筋为 4Φ20。

又如，某基础梁中的 B：4Φ18+(2Φ12)；T：6Φ20，则 4Φ18 为梁底部的贯通纵筋，(2Φ12)为梁底部的架立筋。

③当梁底部或顶部贯通纵筋多于一排时，用"/"将各排纵筋自上而下分开。

例如，B：4Φ28；T：12Φ28 7/5 表示梁底部配置贯通纵筋为 4Φ28；梁顶部配置贯通纵筋上一排为 7Φ28，下一排为 5Φ28，共 12Φ28。

④以 G 打头，注写设置在梁两个侧面的纵向构造钢筋的总配筋值，且对称配置。如图 7.21(a)中的 G4Φ10，表示梁的每个侧面各配置纵向构造钢筋 2Φ10，共配置 4Φ10。

(4)基础梁底面标高。当条形基础底面标高与基础底面基准标高不同时,将条形基础底面标高直接注写在括号内。

(5)必要的文字注解。当设计有特殊要求时,宜增加必要的文字注解。如图7.23所示,基础梁底部第一排和第二排非贯通纵筋向跨内延伸长度均为净跨l_n的1/3,当底部纵筋多于两排时,从第三排起非贯通纵筋向跨内延伸长度应由设计者注明。

> **特别提示**
>
> l_n的取值规定:边跨边支座的底部非贯通纵筋,l_n取本边跨的净跨长度值;对于中间支座的底部非贯通纵筋,l_n取支座两边较大一跨的净跨长度值。

2. 基础梁的原位标注

原位标注基础梁端或梁在柱下区域的底部全部纵筋,包括底部非贯通纵筋和已集中注写的底部贯通纵筋。

(1)当纵筋多于一排时,用"/"将各排纵筋自上而下分开。如图7.21所示,第二跨梁的底部原位标注为:左端6Φ18 2/4,代表梁的左端底部共配置了6根直径为18 mm的受力钢筋,分为上下两排,下一排4根为集中标注中已经标注的贯通纵筋,上一排2根为非贯通纵筋,向跨内延伸的长度为净跨的1/3;右端的原位标注未标注,即代表该端的原位标注内容与第三跨的左端标注完全相同。

(2)当同排纵筋有两种直径时,用"+"相连,注写时角筋写在前面。如图7.24所示,第二根柱下区域左右两端基础梁的原位标注为2Φ20+4Φ25,加号前面的2Φ20代表集中标注中的贯通纵筋,加号后面的4Φ25代表基础梁底部的非贯通纵筋。

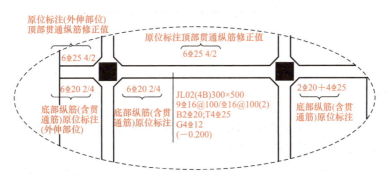

图7.24 某基础梁集中标注与原位标注

(3)当梁中间支座或梁在柱下区域两边的底部纵筋配置不同时,需在支座两边分别标注;反之,仅在支座一边标注,如图7.24所示。

(4)当梁端(柱下)区域的底部全部纵筋与集中注写过的贯通纵筋相同时,可不再重复做原位标注。

(5)当两向基础梁十字交叉,但交叉位置无柱时,应根据抗力需要设置附加箍筋或(反扣)吊筋。附加箍筋或(反扣)吊筋原位直接注写总配筋值,肢数注写在括号里。附加箍筋或(反扣)吊筋构造如图7.25所示。

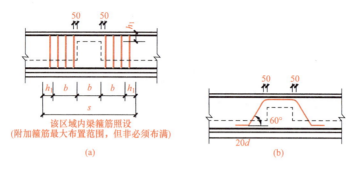

图 7.25 附加箍筋或附加(反扣)吊筋构造

(a)附加箍筋构造；(b)附加(反扣)吊筋构造

(6)基础梁外伸部位的变截面高度尺寸注写为 $b \times h_1/h_2$（h_1 为根部截面高度，h_2 为尽端截面高度），如图 7.26 所示。

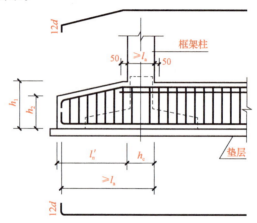

图 7.26 基础梁外伸部位变截面构造

> **特别提示**
>
> 基础梁外伸部位底部纵筋的伸出长度，在标准构造详图中统一取值为：第一排伸出梁端头后，全部上弯 $12d$；其他排钢筋伸至梁端头后截断。

7.2.3 条形基础底板的平面注写方式

1. 集中标注

图 7.27 所示为一双梁条形基础平面示意图。其底板配筋主要设置在板底和板顶。注写内容分为以下几项：

(1)注写条形基础底板编号。如图 7.27 中编号 TJBP07(6B)表示该条形基础底板为坡形，编号 07，6 跨，两端悬挑。

(2)注写条形基础底板截面竖向尺寸。注写为 $h_1/h_2/\cdots$，自下而上用"/"分开。如图 7.28 中基础底板的竖向尺寸由下而上为 300 mm、200 mm。

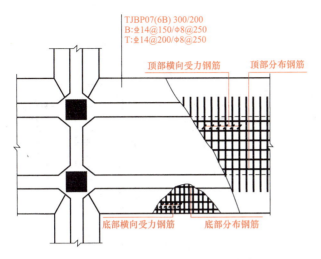

图 7.27 条形基础底板平面注写方式

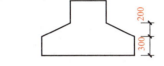

图 7.28 条形基础竖向尺寸

(3)注写条形基础底板底部与顶部配筋。以 B 打头，代表条形基础底板底部的横向受力筋；以 T 打头，代表条形基础底板顶部的横向受力筋。注写时用"/"分隔横向受力钢筋与纵向分布钢筋。图 7.27 表示条形基础底板底部横向受力钢筋为 HRB400 级，直径为 14 mm，间距为 150 mm；分布钢筋为 HPB300 级，直径为 8 mm，间距为 250 mm。条形基础底板顶部横向受力钢筋为 HRB400 级，直径为 14 mm，间距为 200 mm；分布钢筋为 HPB300 级，直径为 8 mm，间距为 250 mm。

(4)注写条形基础底板底面标高。当条形基础底板的底面标高与条形基础底面基准标高不同时，将条形基础底板底面标高直接注写在括号内。

(5)注写必要的文字注解。当设计有特殊要求时，宜增加必要的文字注解。

前三项为必注内容，后两项是选注内容。

2. 原位标注

条形基础的原位标注一般注写底板宽度方向的尺寸 b、b_i（$i=1, 2, \cdots$，b 为基础底板总宽度，b_i 为基础底板台阶的宽度），当基础底板采用对称于基础梁的坡形截面或单阶截面时，b_i 可不注，如图 7.29 所示。

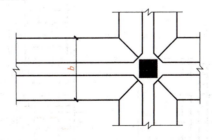

图 7.29 条形基础底板平面尺寸原位标注

7.2.4 标准构造详图

1. 条形基础底板配筋构造

条形基础底板配筋构造如图 7.30 所示。

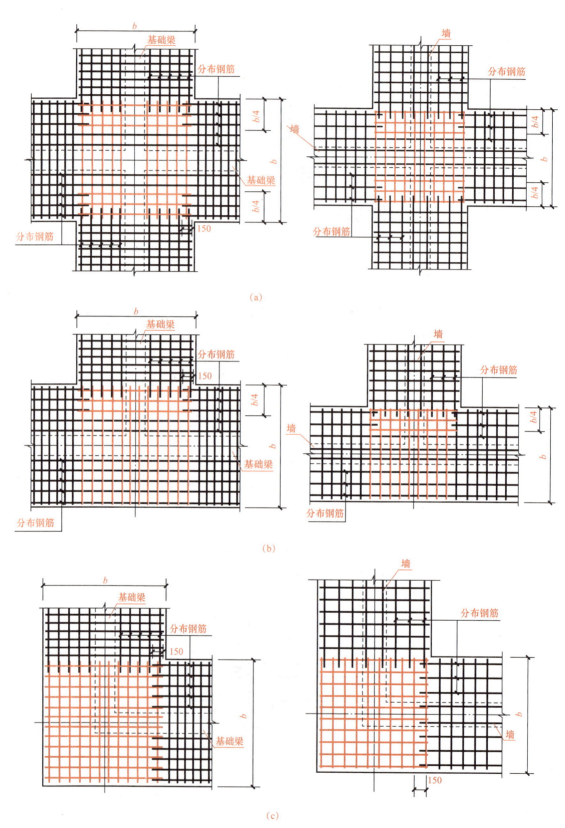

图 7.30 条形基础底板配筋构造

(a)十字交接基础底板；(b)丁字交接基础底板；(c)转角梁板(墙)基础底板

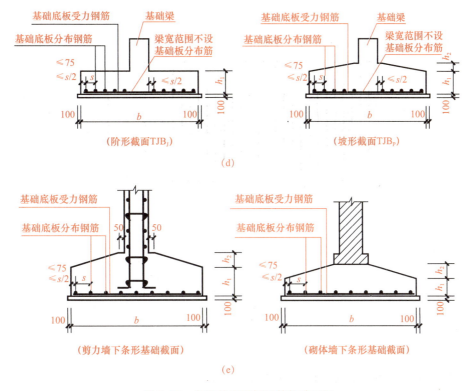

图 7.30 条形基础底板配筋构造(续)

(d)带基础梁基础截面;(e)不带基础梁基础截面

> **特别提示**
>
> 当条形基础设有基础梁时,基础底板的分布钢筋在梁宽范围内不设置。
>
> 在两向受力钢筋交接处的网状部位,分布钢筋与同向受力钢筋的构造搭接长度为 150 mm。

2. 条形基础无交接底板端部钢筋构造

条形基础无交接底板端部钢筋构造如图 7.31 所示。

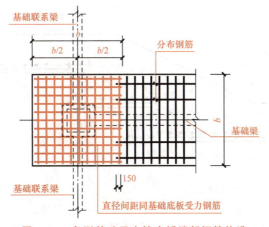

图 7.31 条形基础无交接底板端部钢筋构造

3. 条形基础底板配筋长度减短 10% 的构造

当条形基础宽度≥2 500 mm 时，基础底板受力钢筋应减短 10%，如图 7.32 所示。

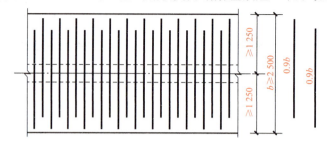

图 7.32 条形基础底板配筋长度减短 10% 的构造

特别提示

基础底板交接区的受力钢筋不应减短，如图 7.30(a)～(c)所示。
无交接底板时端部第一根钢筋不应减短，如图 7.31 所示。

4. 条形基础底板板底不平钢筋构造

条形基础底板板底不平钢筋构造如图 7.33 所示。

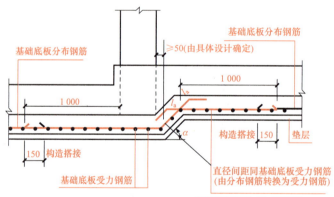

(a)

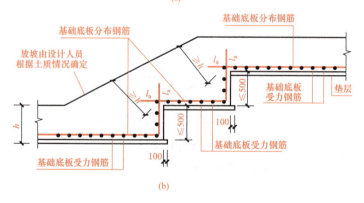

(b)

图 7.33 条形基础底板板底不平钢筋构造
(a)柱下条形基础底板板底不平构造；(b)墙下条形基础底板板底不平构造(板式条形基础)

> **特别提示**
>
> 图 7.33(a)中，在基础底板高差变化处，原基础底板的分布钢筋转换为基础底板的受力钢筋，且与原基础底板分布钢筋的构造搭接长度为 150 mm。

5. 基础梁的钢筋构造

条形基础梁端部钢筋构造如图 7.34 所示。

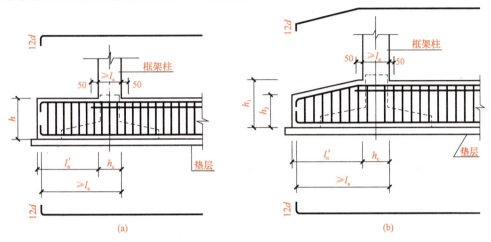

图 7.34 条形基础梁 JL 端部钢筋构造

(a)条形基础梁端部等截面外伸构造；(b)条形基础梁端部变截面外伸构造

任务 7.3　筏形基础平法识图

筏形基础可分为梁板式筏形基础和平板式筏形基础两种。这两种筏形基础的平法施工图都采用平面注写方式。

7.3.1　梁板式筏形基础平法识图

1. 梁板式筏形基础种类

梁板式筏形基础根据基础梁底面与基础平板底面的标高高差可分为"高板位""低板位"和"中板位"三种。"高板位"是指梁顶与板顶平齐；"低板位"是指梁底与板底平齐；"中板位"是指板在梁的中部，如图 7.35 所示。

2. 梁板式筏形基础构件编号

梁板式筏形基础由基础主梁、基础次梁、基础平板构成。其构件编号见表 7.5。

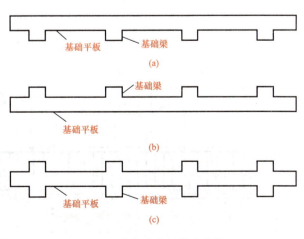

图 7.35 梁板式筏形基础种类

(a)高板位；(b)低板位；(c)中板位

表 7.5　梁板式筏形基础构件编号

构件类型	代号	序号	跨数及有无外伸
基础主梁(柱下)	JL	××	(××)或(××A)或(××B)
基础次梁	JCL	××	(××)或(××A)或(××B)
梁板筏基础平板	LPB	××	

特别提示

1. 表 7.5 中(××A)为一端有外伸，(××B)为两端有外伸，外伸不计入跨数，如 JL01(3B)、JCL02(2A)、LPB03 等。
2. 梁板式筏形基础平板跨数及是否有外伸分别在 x、y 两向的贯通纵筋之后表达。
3. 梁板式筏形基础主梁与条形基础梁编号与标准构造详图一致。

3. 梁板式筏形基础平面注写方式

梁板式筏形基础平面注写的内容分为梁和板两部分。注写规则与条形基础基本相同。

(1)基础主梁与基础次梁的平面注写方式。

1)基础主梁与基础次梁的平面注写方式，可分为集中标注与原位标注两部分内容。

2)集中标注包括基础梁编号、基础梁截面尺寸和基础梁配筋三项必注内容，以及基础梁底面标高高差(相对于筏形基础平板底面标高)一项选注内容，如图 7.36～图 7.38 所示。

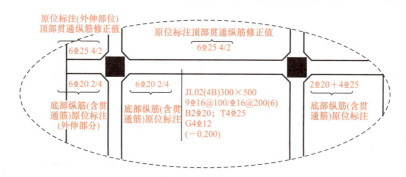

图 7.36　基础梁集中标注内容

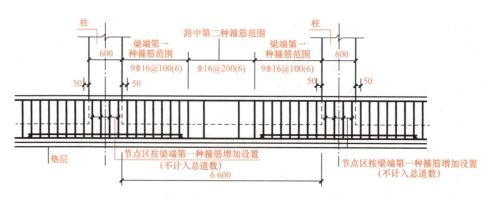

图 7.37　基础梁箍筋注写规则

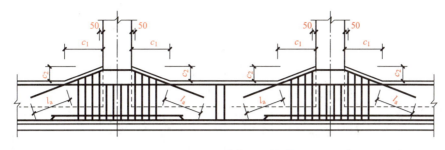

图 7.38 加腋基础梁构造

①基础梁编号：2 号基础主梁 JL02，4 跨，两端有悬挑。

②基础梁截面尺寸：以 $b×h$ 表示梁截面宽度与高度；当为加腋梁时，用 $b×h$ Y$c_1×c_2$ 表示，其中 c_1 为腋长，c_2 为腋高。图 7.36 中所示截面尺寸为：宽度 $b=300$ mm，高度 $h=500$ mm。

③基础梁配筋。

基础梁箍筋：如图 7.36 所示，基础梁两端各设置 9 根直径为 16 mm 的 HRB400 级钢筋，间距为 100 mm，六肢箍；中间为直径 16 mm 的 HRB400 级钢筋，间距为 200 mm，六肢箍。

基础梁底部钢筋：2 根直径为 20 mm 的 HRB400 级钢筋。

基础梁顶部钢筋：4 根直径为 25 mm 的 HRB400 级钢筋。

基础梁侧面构造钢筋：4 根直径为 12 mm 的 HRB400 级钢筋。

基础梁底面标高高差：基础梁底面比基础平板底面低 0.2 m。

3)原位标注包括梁端(支座)区域的底部全部纵筋、附加箍筋或(反扣)吊筋及原位修正内容等。如图 7.36 中第一跨基础梁左支座的下部为 6 根直径 20 mm 的 HRB400 级钢筋，分上下两排，上面一排 2 根，下面一排 4 根(包括集中标注中的 2 根贯通纵筋)；右支座的下部为 2 根直径 20 mm 的 HRB400 级钢筋(集中标注中的贯通纵筋)和 4 根直径 25 mm 的 HRB400 级钢筋；基础梁的跨中上部为 6 根直径 25 mm 的 HRB400 级钢筋，上面一排 4 根(集中标注中的贯通纵筋)，下面一排 2 根。

(2)梁板式筏形基础平板的平面注写方式。

1)梁板式筏形基础平板 LPB 的平面注写，分板底部与顶部贯通纵筋的集中标注与板底部非贯通纵筋的原位标注两部分内容。

2)梁板式筏形基础平板 LPB 贯通纵筋的集中标注，应在所表达的板区双向均为第一跨（x 与 y 双向首跨）的板上引出(图面上从左至右为 x 向，从下至上为 y 向)。

集中标注的内容包括基础平板的编号、基础平板的厚度、基础平板的底部与顶部贯通纵筋及总长度。

3)梁板式筏形基础平板 LPB 的原位标注，主要表达板底部附加非贯通纵筋。基础主梁 JL 与基础次梁 JCL 的平面标注方法，如图 7.39 所示。梁板式筏形基础平板 LPB 的平面标注方法如图 7.40 所示。

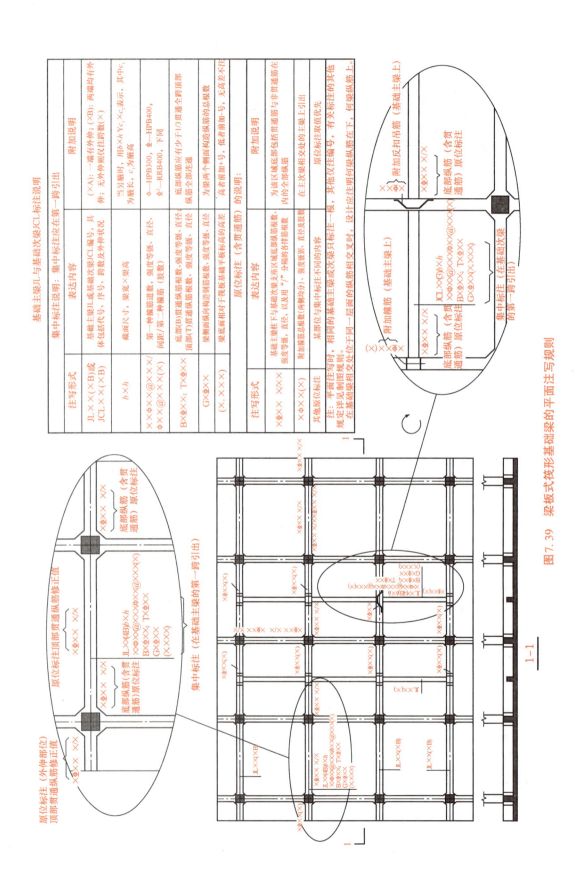

图 7.39 梁板式筏形基础梁的平面注写规则

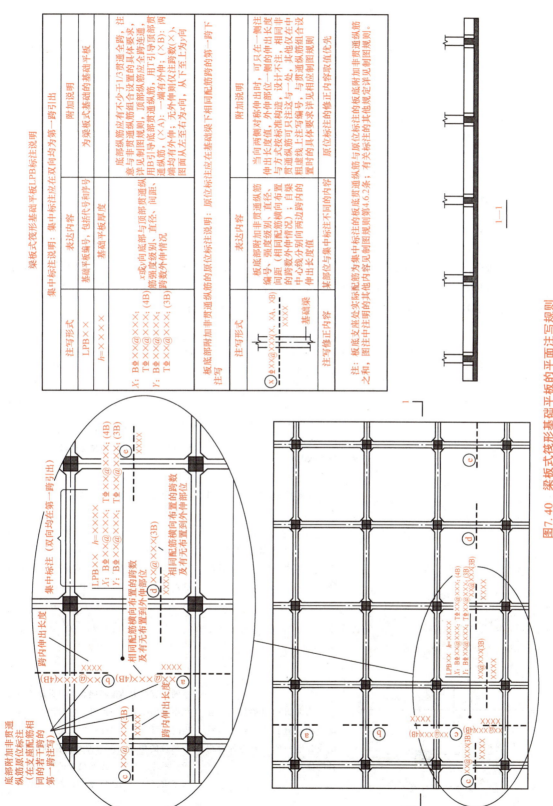

图7.40 梁板式筏形基础平板的平面注写规则

7.3.2 平板式筏形基础平法识图

平板式筏形基础可以划分为柱下板带和跨中板带，也可以不分板带按基础平板表达。其构件编号见表 7.6。

表 7.6 平板式筏形基础构件编号

构件类型	代号	序号	跨数及有无外伸
柱下板带	ZXB	××	(××)或(××A)或(××B)
跨中板带	KZB	××	(××)或(××A)或(××B)
平板式筏形基础平板	BPB	××	—

1. 平板式筏形基础按柱下板带与跨中板带注写

柱下板带与跨中板带的平面注写分板带底部与顶部贯通纵筋的集中标注和板带底部附加非贯通纵筋的原位标注。柱下板带与跨中板带的集中标注应标注在第一跨，x 向为左端跨，y 向为下端跨。其具体规定见表 7.7，表达方式如图 7.41 所示。

表 7.7 柱下板带 ZXB 与跨中板带 KZB 标注说明

集中标注说明：集中标注应在第一跨引出		
注写形式	表达内容	附加说明
ZXB××(×B)或 KZB××(×B)	柱下板带或跨中板带编号，具体包括代号、序号(跨数及外伸状况)	(×A)：一端有外伸；(×B)：两端均有外伸；无外伸则仅注跨数(×)
$b=××××$	板带宽度(在图注中应注明板厚)	板带宽度取值与设置部位应符合规范要求
B⊥××@×××；T⊥××@×××	底部贯通纵筋强度等级、直径、间距；顶部贯通纵筋强度等级、直径、间距	底部纵筋应有不小于 1/3 贯通全跨，注意与非贯通纵筋组合设置的具体要求，详见 22G101—3 制图规则
板底部附加非贯通纵筋原位标注说明		
注写形式	表达内容	附加说明
柱下板带：ⓐ ⊥××@×× ×××× ／ⓑ ⊥××@×× ×××× ／跨中板带：ⓒ ⊥××@×× ××××	底部非贯通纵筋编号、强度等级、直径、间距；自柱中线分别向两边跨内的伸出长度值	同一板带中其他相同非贯通纵筋可仅在中粗虚线上注写编号。向两侧对称伸出时，可只在一侧注伸出长度值，向外伸部位的伸出长度与方式按标准构造，设计不注。与贯通纵筋组合设置时的具体要求详见 22G101—3 相应制图规则

续表

板底部附加非贯通纵筋原位标注说明		
注写形式	表达内容	附加说明
修正内容原位注写	某部位与集中标注不同的内容	原位标注的修正内容取值优先

注：1. 相同的柱下或跨中板带只标注一条，其他仅注编号。
   2. 图注中注明的其他内容见 22G101—3 第 5.5.2 条；有关标注的其他规定详见 22G101—3。

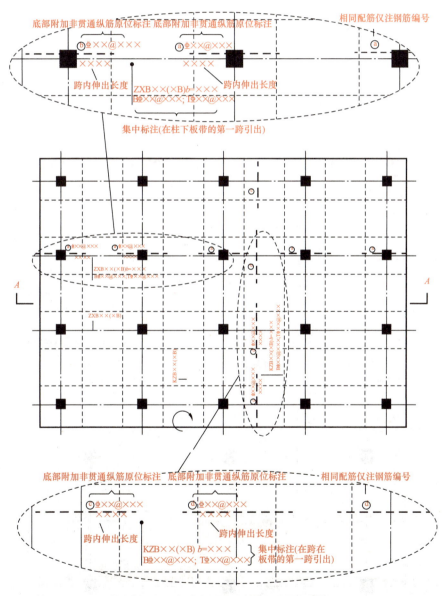

图 7.41 柱下板带和跨中板带标注示意图

2. 平板式筏形基础按基础平板注写

按基础平板进行平面注写的方式适合整片板式筏形基础配筋比较规律的情况。其具体规定见表 7.8，表达方式如图 7.42 所示。

表 7.8 平板式筏形基础平板 BPB 标注说明

集中标注说明：集中标注应在双向均为第一跨引出		
注写形式	表达内容	附加说明
BPB××	基础平板编号，包括代号和序号	为平板式筏形基础的基础平板
$h=××××$	基础平板厚度	
X：B⎯⎯××@×××； 　　T⎯⎯××@×××；(4B) Y：B⎯⎯××@×××； 　　T⎯⎯××@×××；(3B)	x 或 y 向底部与顶部贯通纵筋强度级别、直径、间距（跨数及外伸情况）	底部纵筋应有不少于 1/3 贯通全跨，注意与非贯通纵筋组合设置的具体要求，详见制图规则。顶部纵筋应全跨贯通。用 B 引导底部贯通纵筋，用 T 纵筋，用 T 引导顶部贯通纵筋。（×A）：一端有外伸；（×B）：两端均有外伸；无外伸则仅注跨数至右为 x 向，从下至上为 y 向
板底部附加非贯通筋的原位标注说明：原位标注应在基础梁下相同配筋跨的第一跨下注写		
注写形式	表达内容	附加说明
ⓧ⎯⎯××@×××(×、×A、×B) 　　　　××× 　　　　柱中线	底部附加非贯通纵筋编号、强度等级、直径、间距（相同配筋横向布置的跨数及有无布置到外伸部位）；自支座边线分别向两边跨内的伸出长度值	当向两侧对称伸出时，可只在一侧注伸出长度值。外伸部位一侧的伸出长度与方式按标准构造，设计不注。相同非贯通纵筋可只注写一处，其他仅在中粗虚线上注写编导。与贯通纵筋组合设置时的具体要求详见相应制图规则
注写修正内容	某部位与集中标注不同的内容	原位标注的修正内容取值优先
注：板底支座处实际配筋为集中标注的板底贯通纵筋与原位标准的板底附加非贯通纵筋之和。 图注中注明的其他内容见制图规则第 5.5.2 条；有关标注的其他规定详见制图规则。		

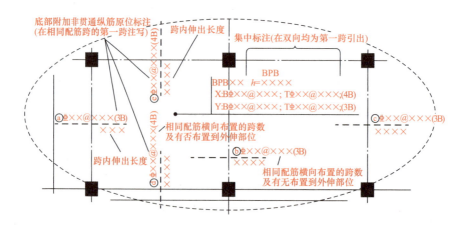

图 7.42 平板式筏形基础平板标注示意图

7.3.3 标准构造详图

筏形基础需要计算的主要钢筋根据其位置和功能不同，主要有梁板式筏形基础主梁、次梁、梁板式筏形基础平板钢筋和平板式筏形基础平板钢筋。由于平板式筏形基础平板的钢筋构造与梁板式筏形基础平板的钢筋构造基本相同，这里主要介绍梁板式筏形基础钢筋构造。

筏板基础梁识图和钢筋构造

梁板式筏形基础按有无外伸，可分为端部无外伸构造和端部有外伸构造两种。

1. 基础主梁两端部均无外伸构造（图7.43、图7.44）

(1)顶部纵筋伸至尽端钢筋内侧弯折15d，当伸入支座直段长度≥l_a时，可不弯折。

(2)底部纵筋伸至尽端钢筋内侧弯折15d，伸入支座水平段长度≥$0.6l_{ab}$。

(3)钢筋计算公式：

上下贯通筋长度＝梁长－基础梁保护层厚度×2＋15d×2＋绑扎搭接长度

下部非贯通筋长度(边跨)＝$l_n/3+h_c$－基础梁保护层厚度＋15d（h_c为柱截面长边尺寸）

下部非贯通筋长度(中间跨)＝$l_n/3+h_c+l_n/3$

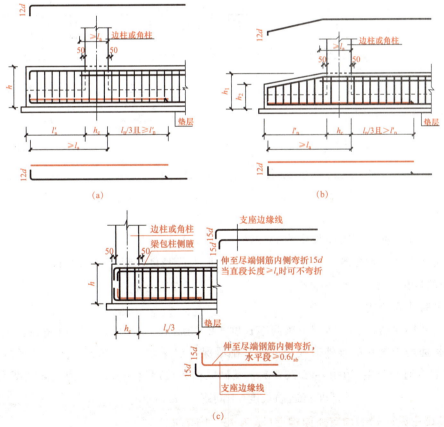

图7.43 梁板式筏形基础梁端部有(无)外伸钢筋构造
(a)端部等截面外伸构造；(b)端部变截面外伸构造；(c)端部无外伸构造

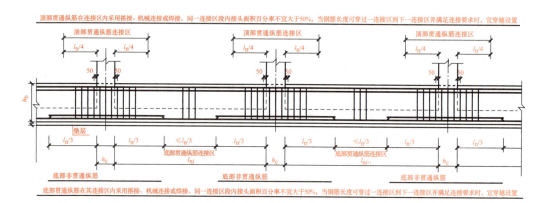

图 7.44 基础主梁 JL 纵向钢筋与箍筋构造

2. 基础次梁两端部均无外伸构造（图 7.45）

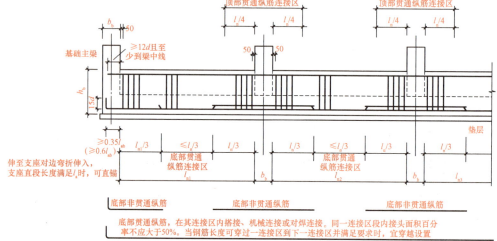

图 7.45 基础次梁 JCL 纵向钢筋与箍筋构造

(1) 顶部纵筋伸至端支座长度为 $\max(b_b/2, 12d)$。

(2) 底部纵筋伸至尽端弯折 $15d$，伸入支座水平段长度：设计按铰接时 $\geqslant 0.35l_{ab}$；充分利用钢筋的抗拉强度时 $\geqslant 0.6l_{ab}$。

(3) 钢筋计算公式：

上部贯通筋长度＝两端主梁间净长度＋$2\times\max(b_b/2, 12d)$＋绑扎搭接长度

下部贯通筋长度＝次梁外边线长度－基础梁保护层厚度×2＋$15d$×2＋绑扎搭接长度

下部非贯通筋长度（边跨）＝$l_n/3+b_b$－基础梁保护层厚度＋$15d$（b_b 为主梁宽度尺寸）

下部非贯通筋长度（中间跨）＝$l_n/3+b_b+l_n/3$

3. 基础主梁两端部均有外伸构造（图 7.43、图 7.44）

(1) 梁上部第一排纵筋伸至梁端弯折长度 $12d$；上部第二排纵筋伸入支座内，锚固长度为 l_a。

(2) 梁下部第一排纵筋伸至梁端弯折长度 $12d$；下部第二排伸至梁端，不加弯折。

(3)钢筋计算公式:

上部第一排贯通筋长度＝梁长－基础梁保护层厚度×2＋12d×2＋绑扎搭接长度

上部第二排贯通筋长度＝边柱内边净长度＋l_a×2＋绑扎搭接长度

下部贯通筋长度＝梁长－基础梁保护层厚度×2＋12d×2＋绑扎搭接长度

下部非贯通筋长度(边跨,第一排)＝l'_n－基础梁保护层厚度＋12d＋h_c＋max($l_n/3$,l'_n)

下部非贯通筋长度(边跨,第二排)＝l'_n－基础梁保护层厚度＋h_c＋max($l_n/3$,l'_n)

下部非贯通筋长度(中间跨)＝$l_n/3$＋b_b＋$l_n/3$

4. 基础次梁两端部均有外伸构造(图7.45、图7.46)

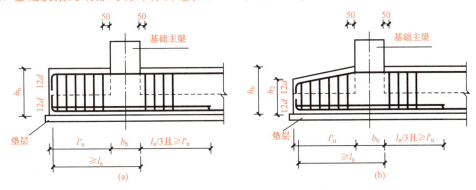

图7.46 基础次梁端部外伸构造

(a)端部等截面外伸构造;(b)端部变截面外伸构造

钢筋计算公式:

上部贯通筋长度＝梁长－基础梁保护层厚度×2＋12d×2＋绑扎搭接长度

下部贯通筋长度＝梁长－基础梁保护层厚度×2＋12d×2＋绑扎搭接长度

下部非贯通筋长度(边跨,第一排)＝l'_n－基础梁保护层厚度＋12d＋b_b＋max($l_n/3$,l_n')

下部非贯通筋长度(边跨,第二排)＝l'_n－基础梁保护层厚度＋b_b＋max($l_n/3$,l'_n)

下部非贯通筋长度(中间跨)＝$l_n/3$＋h_c＋$l_n/3$

5. 基础梁内箍筋及拉筋的构造

基础梁内箍筋及拉筋的构造及计算方法同条形基础。

6. 梁板式筏形基础平板

(1)基础平板两端均有外伸构造,如图7.47(a)所示。

1)基础上下部纵筋伸至外伸边缘弯折12d。

2)板的第一根钢筋,距基础梁边为1/2板筋间距,且不大于75 mm。

3)钢筋计算公式:

上下部纵筋长度＝筏板长度－基础保护层厚度×2＋12d×2＋绑扎搭接长度

下部非贯通筋长度(边跨)＝l'－基础保护层厚度＋底部非贯通筋伸出长度(按设计标注)

下部非贯通筋长度(中间跨)＝左侧底部非贯通筋伸出长度(按设计标注)＋

右侧底部非贯通筋伸出长度(按设计标注)

板筋根数＝[板净跨长度－min(1/2板筋间距,75)×2]/间距＋1

(2)基础平板两端均无外伸构造,如图7.47(c)所示。

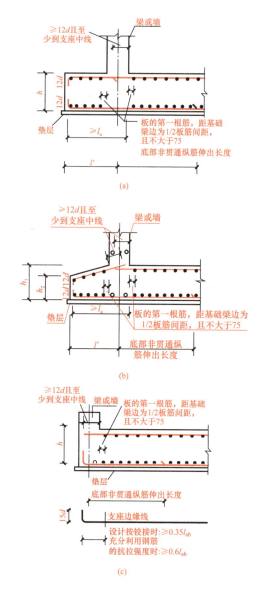

图 7.47 梁板式筏形基础平板 LPB 端部构造
(a)端部等截面外伸构造；(b)端部变截面外伸构造；(c)端部无外伸构造

1)基础上部纵筋伸入支座长度不小于 $12d$ 且至少到梁的中线。
2)基础下部纵筋伸至端部弯锚 $15d$。
3)板的第一根钢筋距基础梁边为 1/2 板筋间距，且不大于 75 mm。
4)钢筋计算公式：

上部纵筋长度 = 筏板净长度 + $\max(1/2 b_b, 12d) \times 2$ + 绑扎搭接长度

下部纵筋长度 = 筏板长度 − 基础保护层厚度 × 2 + $15d \times 2$ + 绑扎搭接长度

下部非贯通筋长度(边跨) = $1/2 b_b$ − 基础保护层厚度 + 底部非贯通筋伸出长度(按设计标注)

下部非贯通筋长度(中间跨) = 左侧底部非贯通筋伸出长度(按设计标注) + 右侧底部非贯通筋伸出长度(按设计标注)

板筋根数 = [板净跨长度 − $\min(1/2$ 板筋间距, $75) \times 2$]/间距 + 1

7. 基础梁 JL 梁底不平和变截面部位钢筋构造

基础梁 JL 梁底不平和变截面部位钢筋构造，如图 7.48 所示。

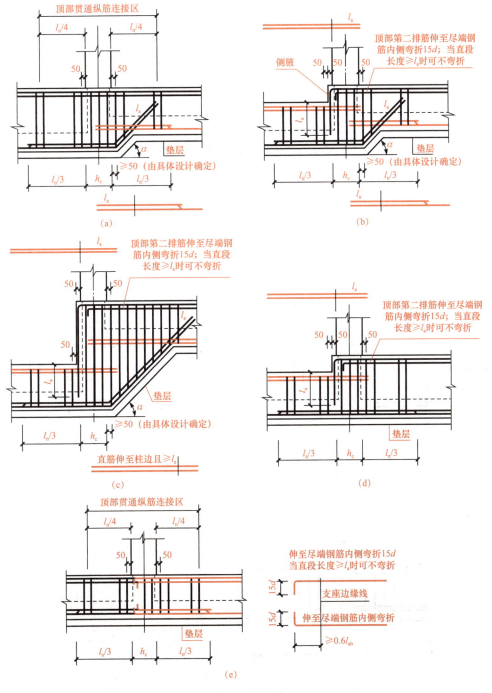

图 7.48 基础梁 JL 梁底不平和变截面部位钢筋构造
(a)梁底有高差钢筋构造；(b)梁底、梁顶均有高差钢筋构造；(c)梁底、梁顶均有高差钢筋构造
(仅用于条形基础)；(d)梁顶有高差钢筋构造；(e)柱两边梁宽不同钢筋构造
注：梁底高差坡度 α 根据场地实际情况可取 30°、45°或 60°。

8. 基础次梁JCL梁底不平和变截面部位钢筋构造

基础次梁JCL梁底不平和变截面部位钢筋构造，如图7.49所示。

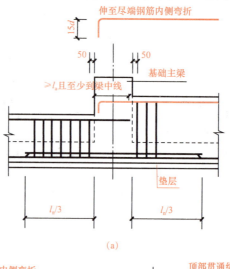

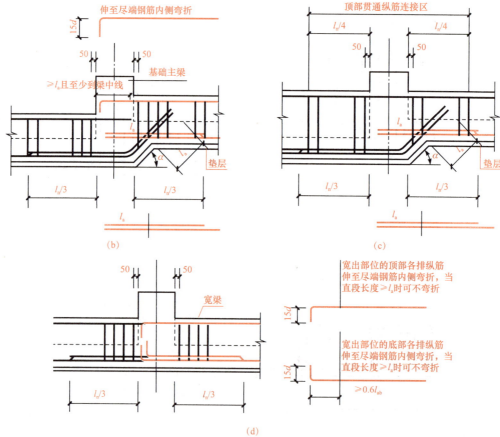

图7.49 基础次梁JCL梁底不平和变截面部位钢筋构造

(a)梁顶有高差钢筋构造；(b)梁底、梁顶均有高差钢筋构造；(c)梁底有高差钢筋构造；
(d)支座两边梁宽不同钢筋构造

注：基础次梁底高差坡度 α 根据场地实际情况可取45°或60°。

9. 梁板式筏形基础平板 LPB 变截面部位钢筋构造

梁板式筏形基础平板 LPB 变截面部位钢筋构造，如图 7.50 所示。

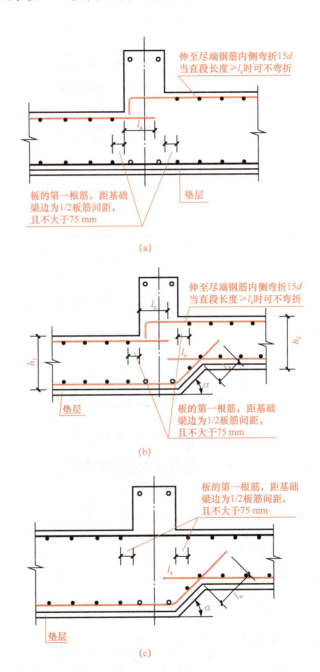

图 7.50　梁板式筏形基础平板 LPB 变截面部位钢筋构造
(a)板顶有高差；(b)板顶、板底均有高差；(c)板底有高差

10. 板边缘侧面封边构造

板边缘侧面封边构造,如图 7.51 所示。

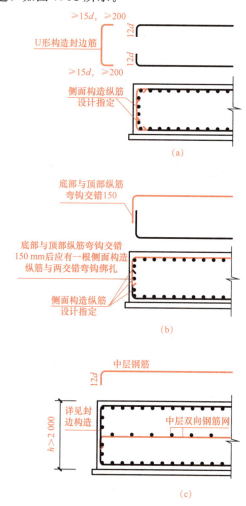

图 7.51　板边缘侧面封边构造
(a)U 形筋构造封边方式；(b)纵筋弯钩交错封边方式；(c)中层筋端头构造
注：板边缘侧面封边构造适用于梁板式筏形基础和平板式筏形基础；外伸部位变截面时侧面构造同等截面；筏板中层钢筋的连接要求与受力钢筋相同。

任务 7.4　桩基础平法识图

7.4.1　灌注桩平法施工图表示方法

灌注桩平法施工图是在灌注桩平面布置图上采用列表注写方式或平面注写方式进行表达。

1. 列表注写方式

列表注写方式，是在灌注桩平面布置图上，分别标注定位尺寸；在桩表中注写桩编号、桩尺寸、纵筋、螺旋箍筋、桩顶标高、单桩竖向承载力特征值。

(1)桩表注写内容如下：

1)注写桩编号，桩编号由类型、代号和序号组成，见表7.9。

表7.9 桩编号

类型	代号	序号
灌注桩	GZH	××
扩底灌注桩	GZH_k	××

2)注写桩尺寸，包括桩径D和桩长L，当为扩底灌注桩时，还应在括号内注写扩底端尺寸$D_0/h_b/h_c$或$D_0/h_b/h_{c1}/h_{c2}$。其中D_0表示扩底端直径，h_b(h_{c1}、h_{c1})表示扩底端锅底形矢高，h_c表示扩底端高度，如图7.52所示。

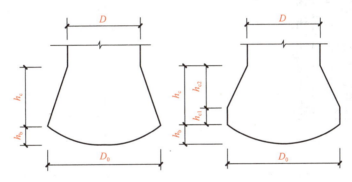

图7.52 扩底灌注桩扩底端示意图

3)注写桩纵筋，包括桩周均布的纵筋根数、钢筋强度级别、从桩顶起算的纵筋配置长度。

①通长等截面配筋：注写全部纵筋，如图7.53(a)所示。

②部分长度配筋：注写桩纵筋，如××⊈××/L1，共中L1表示从桩顶起算的入桩长度，如图7.53(b)所示。

③通长变截面配筋：注写桩纵筋，包括通长纵筋××⊈××和非通长纵筋××⊈××/L1，其中L1表示从桩顶起算的入桩长度。通长纵筋与非通长纵筋沿桩周间隔均匀布置，如图7.53(c)所示。

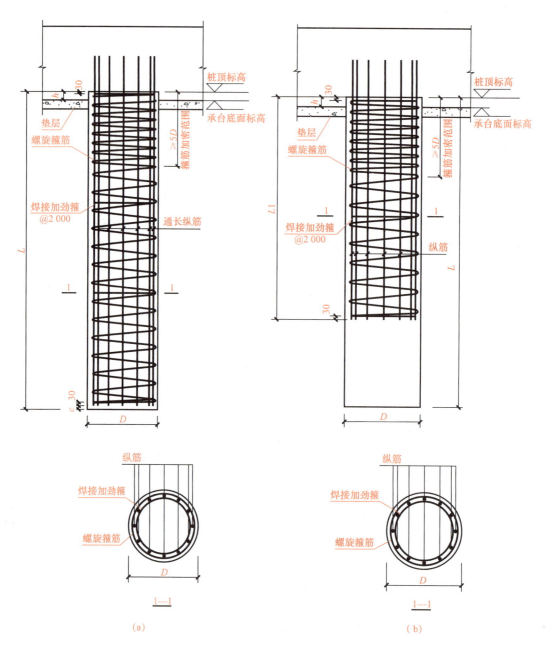

图 7.53 灌注桩配筋构造

(a)灌注桩通长等截面配筋构造;(b)灌注桩部分长度配筋构造

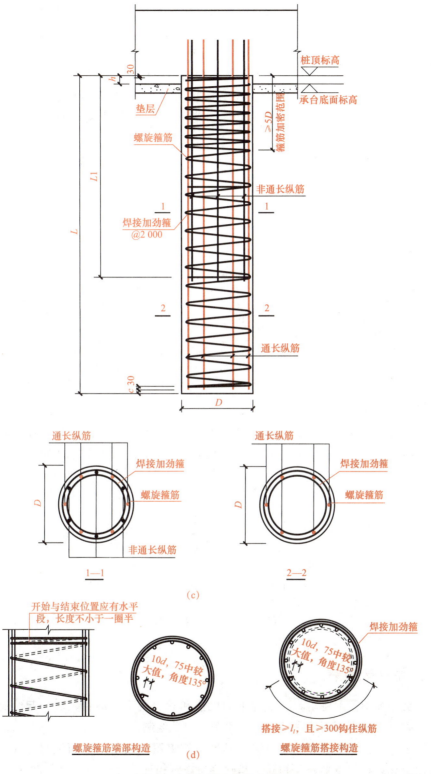

图 7.53 灌注桩配筋构造(续)

(c)灌注桩通长变截面配筋构造；(d)螺旋箍筋构造

注：设计未注明时，图集规定，当钢筋笼长度超过 4 m 时，应每隔 2 m 设一道直径 12 mm 焊接加劲箍，强度等级不低于 HRB400；焊接加劲箍也可由设计另行注明。

例如：15⏀20，15⏀18/6 000，表示桩通长纵筋为15⏀20；桩非通长纵筋为15⏀18，从桩顶起算的入桩长度为6 000。实际桩上段纵筋为15⏀20＋15⏀18，通长纵筋与非通长纵筋间隔均匀布置于桩周。

4)以大写字母L打头，注写桩螺旋箍筋，包括钢筋种类、直径与间距。

①用斜线"/"区分桩顶箍筋加密区与桩身箍筋非加密区长度范围内箍筋的间距。图集中箍筋加密区为桩顶以下5D(D为桩身直径)，若与实际工程情况不同，需设计者在图中注明。

②当桩身位于液化土层范围内时，箍筋加密区长度应由设计者根据具体工程情况注明，或者箍筋全长加密。

5)注写桩顶标高。

6)注写单桩竖向承载力特征值。

(2)灌注桩列表注写的格式见表7.10。

表7.10 灌注桩表

桩号	桩径D/mm	桩长L/m	通长纵筋	非通长纵筋	箍筋	桩顶标高/m	单桩竖向承载力特征值/kN
GZH1	800	16.700	10⏀18	—	L⏀8@100/200	−3.400	2 400

2. 平面注写方式

平面注写方式的规则同列表注写方式，是在灌注桩平面布置图上集中标注灌注桩的编号、尺寸、纵筋、箍筋、桩顶标高和单桩竖向承载力特征值，如图7.54所示。

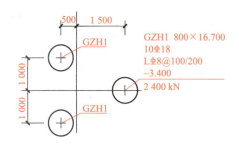

图7.54 灌注桩平面注写

7.4.2 桩基承台编号

桩基承台平面图一般将承台、承台下的桩位和承台所支承的柱、墙一起绘制，当设置基础联系梁时，可根据图面疏密情况一起绘制或单独绘制。

桩基承台可分为独立承台和承台梁。其平法施工图一般采用平面注写方式，其规定大部分与前面所介绍过的条形基础和独立基础注写规定相近。

(1)独立承台阶形用代号CTj表示，如图7.55所示。

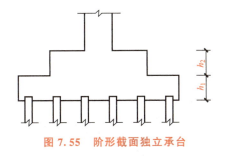

图 7.55 阶形截面独立承台

(2)独立承台锥形用代号 CTz 表示,如图 7.56 所示。

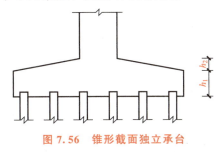

图 7.56 锥形截面独立承台

(3)承台梁用代号 CTL 表示,一端有外伸,跨数后面带 A,如 CTL04(4A);两端有外伸,跨数后面带 B,如 CTL05(5B)。

7.4.3 独立承台的平面注写方式

独立承台的平面注写方式可分为集中标注和原位标注两部分内容。

1. 集中标注

集中标注表达的内容包括独立承台编号、截面竖向尺寸、配筋三项必注内容,以及承台板底面标高(与承台底面基准标高不同时)和必要的文字注解两项选注内容。

例如,CTp01 200/300 Δ6φ14@200+5φ12@200×2 中所表达的内容为:

(1)独立承台编号:CTp01,截面为坡形。

(2)独立承台截面竖向尺寸:$h_1=200$ mm,$h_2=300$ mm。

(3)独立承台配筋:该承台配筋形式为等腰三桩承台,底边的受力钢筋为6φ14@200,两对称斜边(腰)的受力钢筋为5φ12@200。

> **知识链接**
>
> 桩独立承台在表达配筋时,以 B 打头注写底部配筋,以 T 打头注写顶部配筋。
>
> 如为矩形承台,则 X 向配筋以 X 打头,Y 向配筋以 Y 打头,当两向配筋相同时,则以 X&Y 打头。
>
> 桩基承台特别的地方是独立承台存在等边三桩承台、等腰三桩承台、多边形承台和异形承台等情况,对应的配筋表达方式有所不同。等边三桩承台,以"Δ"打头,注写三角布置的各边受力钢筋,注明根数并在配筋值后注写"×3"。等腰三桩承台,以"Δ"打头,注写等腰三角形底边受力钢筋+两对称斜边的受力钢筋,注明根数并在配筋值后注写"×2"。

2. 原位标注

原位标注表达的内容是在桩基承台平面布置图上标注独立承台的平面尺寸，如图 7.57 所示。

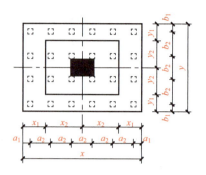

图 7.57 矩形承台平面原位标注

7.4.4 承台梁的平面注写方式

承台梁的平面注写方式也可分为集中标注和原位标注两部分内容。

1. 集中标注

集中标注内容包括承台梁编号、截面尺寸、配筋三项必注内容，以及承台梁底面标高（与承台底面基准标高不同时）、必要的文字注解两项选注内容。例如：

$$\text{CTL01(3B) } 300\times500$$
$$\varphi10@150$$
$$B:4\varphi14;T:4\varphi12$$
$$G4\varphi14$$

其中所表达的内容为：

(1)承台梁编号：CTL01(3B)，三跨，两端有外伸。
(2)承台梁截面尺寸：宽度 300 mm，高度 500 mm。
(3)承台梁箍筋：Φ10@150。
(4)承台梁底部纵向钢筋：4Φ14。
(5)承台梁顶部纵向钢筋：4Φ12。
(6)承台梁侧面构造钢筋：4Φ14。

2. 原位标注

原位标注内容包括承台梁的附加箍筋或（反扣）吊筋、承台梁外伸部位的变截面高度尺寸，其注写方式同基础梁。

7.4.5 标准构造详图

1. 矩形承台配筋构造（图 7.58）

(1)承台底部钢筋从外侧桩基的内边缘向外延伸：方桩≥$25d$；圆桩≥$25d+0.1D$，D 为圆桩直径,并弯锚 $10d$。当伸至端部直段长度方桩≥$35d$ 或圆桩≥$35d+0.1D$ 时,可不弯折。

(2)当桩直径或桩截面边长＜800 mm 时,桩顶嵌入承台 50 mm;当桩直径或桩截面边长≥800 mm 时,桩顶嵌入承台 100 mm。

(3)桩顶钢筋伸至承台内的锚固长度取 $\max(l_a, 35d)$。

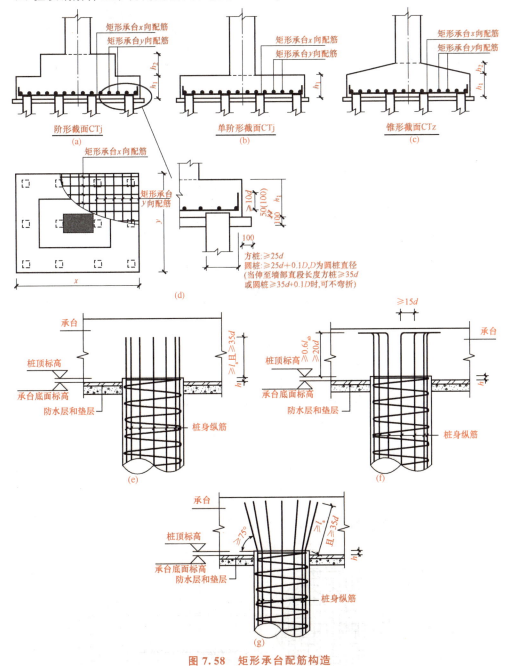

图 7.58 矩形承台配筋构造

(a)阶形截面 CTj;(b)单阶形截面 CTj;(c)锥形截面 CTz;(d)矩形承台配筋构造;
(e)桩顶与承台连接构造(一);(f)桩顶与承台连接构造(二);(g)桩顶与承台连接构造(三)

注:当桩直径或桩截面边长＜800 mm 时,桩顶嵌入承台 50 mm;当桩径或桩截面边长≥800 mm 时,桩顶嵌入承台 100 mm。

2. 等腰三桩承台配筋构造

等腰三桩承台配筋构造，如图 7.59 所示。

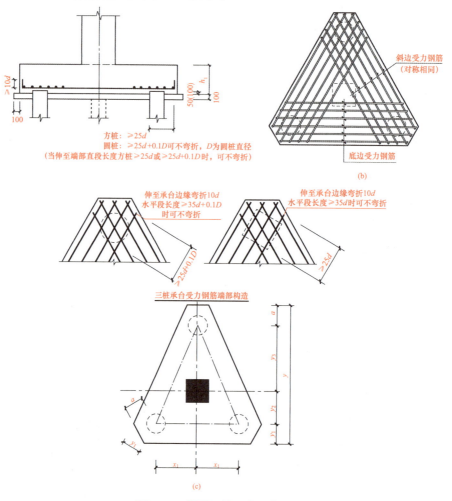

图 7.59 等腰三桩承台配筋构造

3. 六边形承台 CTJ 配筋构造

六边形承台 CTJ 配筋构造，如图 7.60 所示。

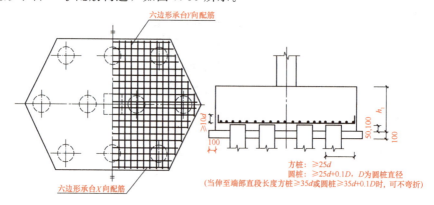

图 7.60 六边形承台 CTJ 配筋构造

4. 双柱联合承台底部与顶部配筋构造

双柱联合承台底部与顶部配筋构造,如图 7.61 所示。

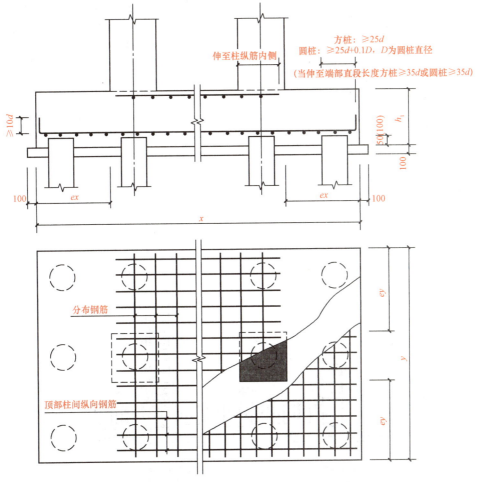

注:
1. 当桩直径或桩截面边长小于800 mm时,桩顶嵌入承台50 mm;
当桩径或桩截面边长大于或等于800 mm时,桩顶嵌入承台100 mm。
2. 需设置上层钢筋网片时,由设计指定。

图 7.61 双柱联合承台底部与顶部配筋构造

5. 承台梁的配筋构造

承台梁的配筋构造如图 7.62 所示。其中承台梁侧面纵筋配置的拉筋直径为 8 mm,间距为箍筋间距的 2 倍,当设有多排拉筋时,上、下两排拉筋竖向错开设置。

6. 基础联系梁配筋构造

基础联系梁代号为 JLL。基础联系梁是指连接独立基础、条形基础或桩基承台的梁。基础联系梁的平法施工图设计,是在基础平面布置图上采用平面注写方式表达。基础联系梁配筋构造如图 7.63 所示。

7. 搁置在基础上的非框架梁配筋构造

搁置在基础上的非框架梁的配筋构造如图 7.64 所示。

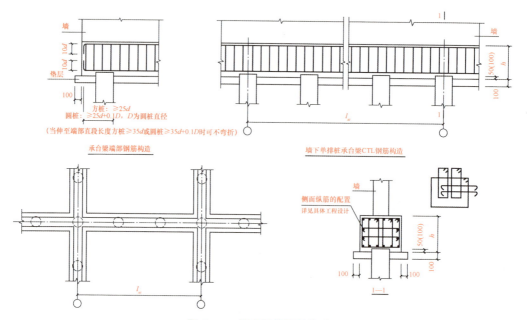

图 7.62 承台梁的配筋构造

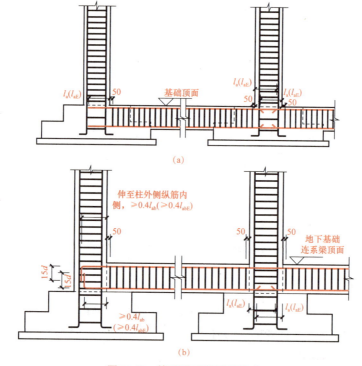

图 7.63 基础联系梁配筋构造

(a)基础联系梁 JLL 配筋构造(一);(b)基础联系梁 JLL 配筋构造(二)

注:基础联系梁的第一道箍筋距柱边缘 50 mm 开始设置;基础联系梁配筋构造(二)中基础联系梁上、下纵筋采用直锚形式时,锚固长度不应小于 $l_a(l_{aE})$,且伸过柱中心线长度不应小于 $5d$,d 为梁纵筋直径。

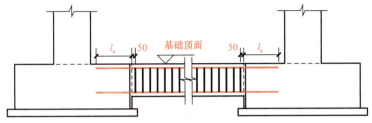

图 7.64 搁置在基础上的非框架梁

（不作为基础联系梁；梁上部纵筋保护层厚度≤5d 时，锚固长度范围内应设横向钢筋）

8. 后浇带配筋构造

后浇带代号为 HJD，后浇带配筋构造如图 7.65 所示。

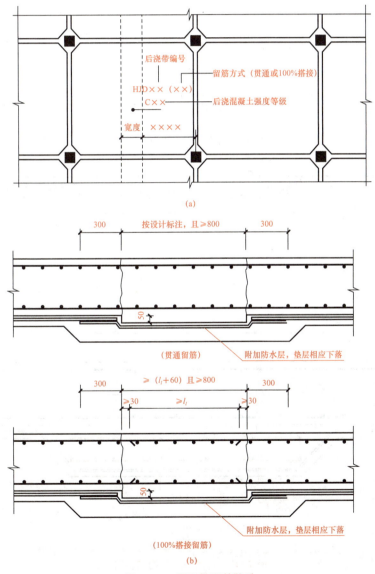

(a)

(b)

图 7.65 后浇带配筋构造

(a)后浇带 HJD 引注图示；(b)基础底板后浇带 HJD 构造

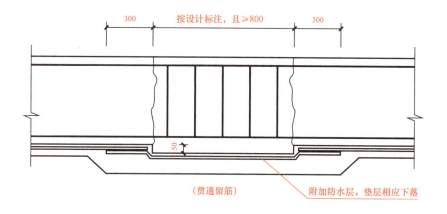

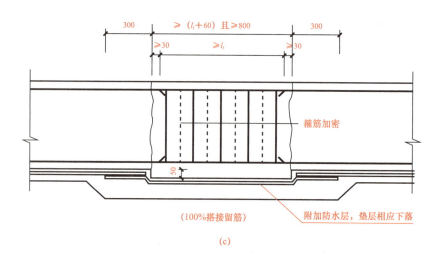

(c)

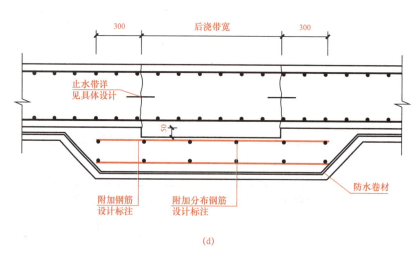

(d)

图 7.65 后浇带配筋构造(续)

(c)基础梁后浇带 HJD 构造；(d)后浇带 HJD 抗水压垫层构造

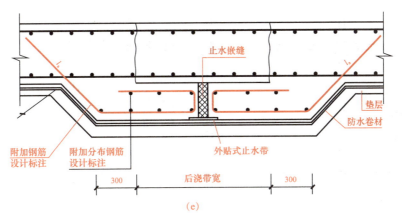

(e)

图 7.65 后浇带配筋构造(续)

(e)后浇带 HJD 超前止水构造

9. 基坑配筋构造

基坑代号为 JK，按"基坑深度 h_k/基坑平面尺寸 $x \times y$"的顺序注写，其表达形式为 $h_k/x \times y$。x 为 x 向基坑宽度，y 为 y 向基坑宽度。在平面布置图上应标注基坑的平面定位尺寸，基坑配筋构造如图 7.66 所示。

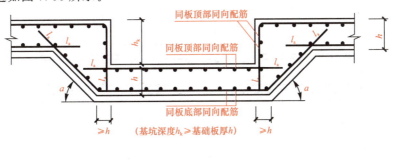

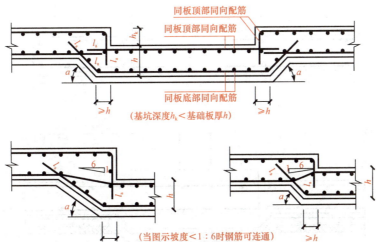

(a)

图 7.66 基坑配筋构造

(a)基坑 JK 构造

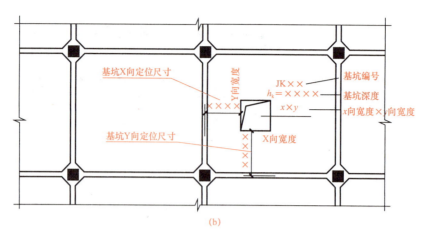

(b)

图 7.66 基坑配筋构造(续)

(b)基坑 JK 引注图示

10. 防水板配筋构造

防水板代号为 FSB，其注写内容包括编号、截面尺寸(板厚)、防水板底部与顶部贯通纵筋、防水板底面标高(选注值)，如图 7.67 所示。

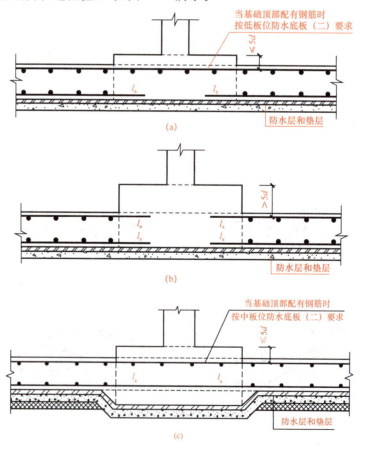

图 7.67 防水底板与各类基础的连接构造

(a)低板位防水底板(一)；(b)低板位防水底板(二)；(c)中板位防水底板(一)

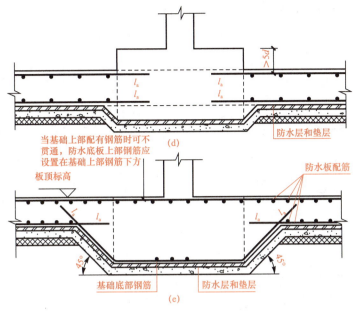

图 7.67　防水底板与各类基础的连接构造(续)
(d)中板位防水底板(二); (e)高板位防水底板

任务 7.5　案　　例

【例 7.1】　某现浇钢筋混凝土独立基础详图如图 7.68 所示,已知基础混凝土强度等级为 C30,垫层混凝土强度等级为 C20,石子粒径均小于 20 mm,混凝土为现场搅拌,泵送 15 m³/h；J-1 断面配筋为：①号筋 Φ12@100,②号筋 Φ14@150；J-2 断面配筋为：③号筋 Φ12@100,④号筋 Φ14@150,试计算独立基础钢筋工程量。

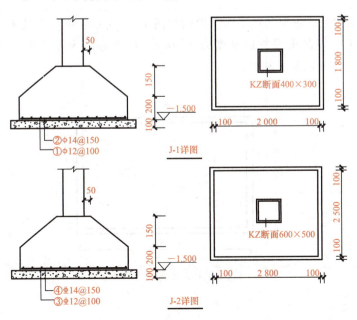

图 7.68　独立基础平面图与断面图

解: 独立基础钢筋工程量计算过程见表 7.11。

表 7.11 独立基础钢筋工程量计算过程

钢筋编号	钢筋种类	钢筋简图	单根钢筋长度 /m	根数	总长度 /m	钢筋线密度 /(kg·m⁻¹)	总质量 /kg
①	φ12	⊏⊐	1.8−0.04×2+12.5×0.012=1.87	[2 − min(0.075, 0.1/2)×2]/0.1+1=20	37.4	0.888	33
②	φ14	⊏⊐	2−0.04×2+12.5×0.014=2.1	[1.8 − min(0.075, 0.15/2)×2]/0.15+1=12	25.2	1.208	30
③	⊕12	─	两边 2.5−0.04×2=2.42	2	63.34	0.888	56
			中间 2.5×0.9=2.25	[2.8 − min(0.075, 0.1/2)×2]/0.1−1=26			
④	⊕14	─	两边 2.8−0.04×2=2.72	2	43.24	1.208	52
			中间 2.8×0.9=2.52	[2.5 − min(0.075, 0.15/2)×2]/0.15−1=15			
			合计				φ12:33 φ14:30 ⊕12:56 ⊕14:52

【例 7.2】 某梁板式筏形基础平面布置图如图 7.69 所示,筏板两端无外伸构造,混凝土强度等级为 C30,混凝土保护层厚度为 40 mm,抗震等级为非抗震,钢筋定尺长度为 9 m,试求 X 方向钢筋的长度和根数。

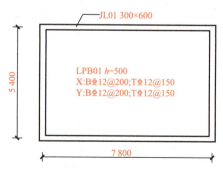

图 7.69 梁板式筏形基础平面布置图

解：钢筋计算如下：

下部贯通筋长度＝筏板外边线长度－保护层厚度×2＋15d×2
　　　　　　　＝7.8＋0.3－0.04×2＋15×0.012×2＝8.38(m)

下部贯通筋根数＝[板净跨长度－min(1/2板筋间距，75)×2]/间距＋1
　　　　　　　＝(5.4－0.3－0.15)/0.2＋1＝26(根)

上部贯通筋长度＝筏板净长度＋max(1/2b_b，12d)×2
　　　　　　　＝7.8－0.3＋max(0.15，12×0.012)×2＝7.8(m)

上部贯通筋根数＝[板净跨长度－min(1/2板筋间距，75)×2]/间距＋1
　　　　　　　＝(5.4－0.3－0.15)/0.15＋1＝34(根)

学习启示

党的二十大报告指出：青年强，则国家强。广大青年要坚定不移听党话、跟党走，怀抱梦想又脚踏实地，敢想敢为又善作善成，立志做有理想、敢担当、能吃苦、肯奋斗的新时代好青年，让青春在全面建设社会主义现代化国家的火热实践中绽放绚丽之花。万丈高楼平地起，一砖一瓦皆根基，基础是建筑安全的可靠保证，打好根基，才能站得更高，走得更远。通过女排精神、港珠澳大桥等案例，培养学生立志高远、担当使命、夯实根基、刻苦奋进，做新时代的有为青年。

项目小结

通过本项目的学习，要求掌握以下内容：

1. 独立基础施工图中平面注写方式与截面注写方式所表达的内容。
2. 条形基础施工图中平面注写方式与截面注写方式所表达的内容。
3. 梁板式筏形基础和平板式筏形基础施工图中平面注写方式所表达的内容。
4. 桩基础施工图中平面注写方式所表达的内容。
5. 各种基础内纵筋长度、基础内的锚固长度、搭接长度、箍筋长度及箍筋根数等的计算方法。

习题

某工程基础平面图如图7.1所示，混凝土强度等级为C30，环境类别为一类，混凝土结构设计工作年限为50年，不考虑抗震，试结合22G101—3图集计算JC-1、J-1、J-2、J-3及筏形基础钢筋工程量。

参考文献

[1] 中国建筑标准设计研究院. 22G101—1 混凝土结构施工图平面整体表示方法制图规则和构造详图(现浇混凝土框架、剪力墙、梁、板)[S]. 北京：中国标准出版社，2022.

[2] 中国建筑标准设计研究院. 22G101—2 混凝土结构施工图平面整体表示方法制图规则和构造详图(现浇混凝土板式楼梯)[S]. 北京：中国标准出版社，2022.

[3] 中国建筑标准设计研究院. 22G101—3 混凝土结构施工图平面整体表示方法制图规则和构造详图(独立基础、条形基础、筏形基础、桩基础)[S]. 北京：中国标准出版社，2022.

[4] 中华人民共和国住房和城乡建设部. GB/T 50105—2010 建筑结构制图标准[S]. 北京：中国建筑工业出版社，2011.

[5] 中华人民共和国住房和城乡建设部. GB 50010—2010 混凝土结构设计规范(2015 年版)[S]. 北京：中国建筑工业出版社，2015.

[6] 中华人民共和国住房和城乡建设部. GB 50011—2010 建筑抗震设计规范(2016 年版)[S]. 北京：中国建筑工业出版社，2016.

[7] 肖明和. 建筑制图与识图[M]. 大连：大连理工大学出版社，2022.

[8] 金燕. 混凝土结构识图与钢筋计算[M]. 3 版. 北京：中国电力出版社，2016.

[9] 肖明和. 新平法识图与钢筋计算[M]. 北京：人民交通出版社，2018.

[10] 肖明和. 建筑工程计量与计价[M]. 北京：北京理工大学出版社，2020.

[11] 山东省住房和城乡建设厅. SD 01-31-2016 山东省建筑工程消耗量定额(上、下册)[S]. 北京：中国计划出版社，2016.